低碳节能

生活指南

主　编：徐文钦

编　委：沈凤霞　张海峰　徐金红
　　　　周冰艳　代文杰　徐贤德

U0304490

 海峡出版发行集团
THE STRAITS PUBLISHING & DISTRIBUTING GROUP

福建科学技术出版社
FUJIAN SCIENCE & TECHNOLOGY PUBLISHING HOUSE

图书在版编目（CIP）数据

低碳节能生活指南/徐文钦主编.—福州：福建
科学技术出版社，2011.1（2019.4重印）
ISBN 978-7-5335-3755-5

Ⅰ.①低… Ⅱ.①徐… Ⅲ.①节能-指南 Ⅳ.
①TK01-62

中国版本图书馆CIP数据核字(2010)第203627号

书　　名　低碳节能生活指南
主　　编　徐文钦
出版发行　福建科学技术出版社
社　　址　福州市东水路76号（邮编350001）
网　　址　www.fjstp.com
经　　销　福建新华发行（集团）有限责任公司
排　　版　福建科学技术出版社排版室
印　　刷　日照教科印刷有限公司
开　　本　889毫米×1194毫米　1/32
印　　张　7
字　　数　180千字
版　　次　2011年1月第1版
印　　次　2019年4月第4次印刷
书　　号　ISBN 978-7-5335-3755-5
定　　价　21.00元
　　　书中如有印装质量问题，可直接向本社调换

前 言

人类的高碳消费、无视环境压力和环境恶化的生活方式正在日益导致全球变暖、环境恶化。

在现代人的消费中，煤炭、石油、天然气等化石燃料和木材占有绝对的霸主地位。它们均是由碳元素构成的自然资源。化石燃料和木材耗用得越多，导致地球变暖的二氧化碳等温室气体就制造得越多。

全球变暖、环境恶化正在严重威胁着人类的生命和财产安全，越来越多的环境问题摆在了我们的面前。马尔代夫等低地岛国正在被海水淹没，森林在大面积减少，草原日益退化，土地荒漠化日益严重，洪水、干旱等正在造成农业严重减产和绝收，一直刮到我国台湾的沙尘天气造成了严重的空气质量恶化……

地球上几无净土，无论是农村还是都市，人类已经到了非践行低碳生活不可的地步！

2009 年第十五届联合国气候大会在丹麦哥本哈根举行，共同协商全球低碳大计。哥本哈根会议在争执与较量中让全世界更加关注"低碳"的重要性，"低碳"理念得到了全世界的认可，"低碳"已成为全世界的焦点。

2010 年初，"低碳"成为我国两会的热点话题之一。

2010 年 3 月 27 日 20 点 30 分至 21 点 30 分，全世界统一行动熄灯 1 小时。

……

　　这一系列的活动所传达的信息，就是要把节能环保的意识融入日常生活当中。当低碳意识深入每个人的思想深处，当低碳思想转化为每个人的日常行动时，节能减排的效果将是巨大的，人类才算真正进入了低碳时代。

　　其实，"低碳"离我们的生活并不远。它是一种将低碳意识、环保意识融入日常生活的态度，就是在日常生活中从自己做起，从小事做起，最大限度地减少一切可能的能源消耗。

　　通过本书，我们可以方便地学习使用并开发有效的节电、节煤、节油、节气、节水、资源回收及废物利用的方法，学习运用生活中的节能环保新技术，推广使用新能源、新材料。

　　低碳生活先要树立低碳意识、付诸行动，其次要学习低碳节能知识和低碳节能技能，然后就是贵在坚持、养成习惯，并鼓励他人和自己一起倡导和践行低碳生活。

　　真诚地呼吁每一个人都能够担负起对地球、对人类、对自己、对子孙后代的责任，节能减排，遏制气候变暖、环境恶化的趋势，为自己、为人类、为我们的子孙后代留下一个美好家园。

目 录

一、低碳节能生活

二、利用太阳能等新能源

三、沼气使用和日常管理方法

四、节电的秘诀

目录

五、厨房节能与低碳饮食

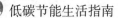

六、出行的节油技巧

七、节约每一滴水

八、低碳家居行动方案

九、怎样减少生活垃圾

十、多种树木花草，少养宠物

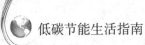

一、低碳节能生活

"低碳"是一种将低碳意识、环保意识融入日常生活的态度，在日常生活中从自己做起，从小事做起，最大限度地减少一切可能的能源消耗。要实现低碳生活就要树立低碳生活意识，要从衣、食、住、行、用等方面做起。

什么是低碳生活

低碳生活就是生活作息时所耗用的能量要尽可能地减少，主要是通过减少煤、石油、天然气等化石燃料，以及木材等含碳燃料的耗用，以达到降低碳，特别是二氧化碳的排放量，减少对大气的污染，遏制气候变暖和环境恶化的目的。

低碳生活代表着更健康、更自然、更安全的消费理念，返璞归真地生活，以求达到人与自然和谐共处的高尚境界。

具体地说，低碳生活就是在不过分降低生活质量的前提下，利用生活小窍门、高科技以及清洁能源，减少能耗与污染，以低能耗、低污染、低排放为特征的低碳生活方式。

为什么要选择低碳生活

1.选择低碳生活势在必行。由于人们生产、生活排放的大量二氧化碳等温室气体，使太空臭氧层遭到破坏，最终导致全球气候变暖和一连串的环境危机。

1

天气越来越反常，全球灾难性气候屡屡出现，气候变化对人类的生活影响不同程度地显现出来，居住环境恶化、热浪袭击增加、人类健康受威胁、物种消失加剧等等。全球温度上升，让两极冰川加速融化，再加上全球降水量重新分配，海平面上升，一些岛国正在被海水淹没。

2.选择低碳生活顺应时代潮流。2009年12月初的哥本哈根气候大会就是希望从宏观角度，以国家身份尝试低能耗、低污染、低排放的新经济模式。如今的中国已经开始步入低碳经济时代，政府积极倡导建设低碳社会、低碳城市、低碳社区、低碳经济、低碳行业、低碳家庭等等。

温家宝总理在政府工作报告中提出："要在全社会大力倡导节约、环保、文明的生产方式和消费模式，让节约资源、保护环境成为每个企业、村庄、单位和每个社会成员的自觉行动，努力建设资源节约型和环境友好型社会。"

低碳生活被越来越多的人关注，选择低碳生活已成为时尚。

 如何才能实现低碳生活

1.低碳生活是一种生活态度，要有节能减排的自我约束意识。

2.低碳生活是一种生活习惯，在日常生活中要从点点滴滴做起，养成节能减排的生活习惯。

3.要掌握低碳生活的知识和技能，知道在生活中具体如何做才能实现低碳生活。

做到以上几点，就可以轻松成为践行低碳生活的时尚达人。

节能减排应从哪些方面入手

践行低碳生活就要从衣、食、住、行、用等方面做起，具体地说可以从以下几方面做起。

1.首先要从"低碳装修"、"低碳着装"、"低碳饮食"、

"低碳消费"方面做起，日常生活中注意减少垃圾，进行垃圾分类、旧物利用，还要注意多种花草来吸碳。

2. 生活中要处处注意节能。由于目前世界的主要用电是燃煤发的火电，而自来水的调运、生产、输送等又需要耗电，所以，节能主要是注意节煤、节气、节水、节电，这些都是低碳生活的要点。

3. 在出行方面，也应尽可能选择低碳的出行方式。离家较近的上班族可以骑自行车上下班，从而节省开车的油耗；短途旅行选择火车而不搭乘飞机；有私家车的在驾车时应注意掌握节油的技巧。

4. 为了更好地节能减排，在生活中可以用太阳能、沼气等新能源代替煤、电、石油等传统能源。

如何计算家庭"碳"排放量

在日常生活中，做饭、取暖、用水、用电、乘坐交通工具等都不可避免地会伴随着产生二氧化碳。对于每位普通人来说，如果能够计算出自己的二氧化碳排放量，就会鞭策自己选择更环保的方式生活和工作，努力减少自己的碳足迹。

如何用直观、易操作的方式了解自己对气候变化的影响，计算二氧化碳的排放量呢？现在不少网站上有碳排放量的计算工具，如碳足迹计算器、碳排放计算器、全民节能减排计算器等。一些专业组织和行业机构也推出了一些针对某一行业和领域的碳排放测算系统。但无论是针对个人的碳排放计算器，还是针对企业的碳排放测算系统，都有很多版本和标准，得出的结论也不尽相同。而且不同的国家，计算碳排放的标准也不相同。比如在我国，节约 1 千瓦时的电所减少的碳排放量是由耗电数乘以转换系数得出，有的计算器转化系数是 0.785，而有的计算器转化系数则是 0.997。本书中所举数据均来源于不同的统计材料，基于以上原因，这些数据所采用的转换系数均有所不同。

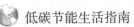

以下的计算方法可供参考：

家庭用电二氧化碳排放量（千克）等于耗电数乘以转化系数0.785。

出行时，如果开小轿车，二氧化碳排放量（千克）等于油耗升数乘以2.7。

家用天然气二氧化碳排放量（千克）等于天然气使用数乘以"碳强度系数"0.19。

家用自来水二氧化碳排放量（千克）等于自来水使用吨数乘以0.91。

把以上数据汇总在一起，就是一个家庭的主要碳排放量。目前，中国每人年均碳排放量为2.7吨。

怎样建个"零碳家庭"

家庭是城市的细胞，"零碳家庭"是"零碳城市"派生出来的。提出"零碳城市"的概念是因为富含碳元素的温室气体的过量排放已导致全球气候变暖。当然，要做到真正的零排放也是不可能的，但它作为人类环保的一个理想和目标却是积极的、现实的。

所谓"零碳城市"，就是最大限度地减少温室气体排放的环保型城市，也称"生态城市"。它是由组成城市功能的各个系统节能化、环保化而实现的，即通过"零碳交通"、"零碳建筑"、"零碳能源"、"零碳家庭"而最终造就"零碳城市"。

"零碳家庭"提倡和鼓励人们在日常生活中崇尚节俭、厉行节约，尽可能降低能耗。从我做起，从每个家庭做起，从我们身边的小事做起。

二、利用太阳能等新能源

太阳能、风能、潮汐能、地热能是可再生能源，是不污染环境的"清洁能源"。目前，太阳能是我国重点发展的清洁能源。一座农村住宅如果使用被动式太阳能供暖，每年可节能约 0.8 吨标准煤，相应减排二氧化碳 2.1 吨。如果我国农村每年有 10% 的新建房屋使用被动式太阳能供暖，全国可节能约 120 万吨标准煤，减排二氧化碳 308.4 万吨。由此可见，大力推广太阳能及其他新能源已成为实现低碳生活的新途径。

什么是"太阳能南墙采暖（降温）计划"

世界人口绝大多数居住在北半球，人们居住的房屋建筑南墙是面向太阳的，受到阳光照射的时间最长，因此我们可以在"南墙"上利用太阳能。"太阳能南墙采暖（降温）计划"简称"南墙计划"，就是基于这种设想的计划，是光热和光伏应用技术与建筑的结合。

甘肃自然能源研究所在 1983 年建成了亚洲最大的"太阳能采暖与降温技术试验示范基地"。在基地 16 种不同类型的太阳能建筑物上示范了各种太阳能技术，并在南墙上分别镶嵌太阳能空气集热器和其他太阳能集热蓄热构件。

冬季，集热器件最大限度地吸收太阳能并转换为热能，然后循环到屋内，达到提高室温的效果；夏季，则尽可能屏蔽太阳直射的热量，阻隔房屋内外的热量交流，达到降温的效果。这不仅能解决北方寒旱地区农牧民的生活取暖问题，对于南方老百姓来说也非常有用。冬季南方的建筑室内比室外温度还低，"南墙计划"可基本解决这一问题。

什么是"太阳能光伏屋顶计划"

为加快推进太阳能光电技术在城乡建筑领域的应用，国家相关部委推出太阳能光伏屋顶计划。太阳能光伏屋顶计划着力突破与解决光电建筑一体化设计能力不足、光电产品与建筑结合程度不高、光电并网困难、市场认识低等问题。

太阳屋顶政策限定示范项目必须大于 50 千瓦，即需要至少400 平方米的安装面积，一般居民建筑很难参与，符合资格的建筑主要集中在学校、医院和政府等公用和商用建筑。考虑财政部补贴之后，1 千瓦时电成本可降至 0.58 元。光伏上网电价是否能在火电上网电价上给予溢价仍不明确，但即使没有溢价，由于发电成本低于电网销售电价，人们还是愿意建设光伏项目发电自用，替代从电网购电。何况可以期待地方政府给予额外的补贴，发电成本将进一步下降。

目前，我国杭州正在启动太阳能"阳光屋顶"计划，在新住宅小区和公共建筑屋顶上安装太阳能薄膜，利用太阳能发电。初步计划 5 年内推广 10 万平方米阳光屋顶，一期完成 3000 平方米的铺设推广。

太阳房的种类有哪些

太阳房就是直接利用太阳辐射能，把房屋当作一个集热器，通过建筑设计把高效隔热材料、透光材料、储能材料等有机地集成在一起，使房屋尽可能多地吸收并保存太阳能，达到房屋采暖目的。

事实上,太阳房不但可以利用太阳能取暖发电,还可去湿降温、通风换气,是一种节能环保住宅。太阳房可以节约75%~90%的能耗,使建筑物完全不依赖常规能源。

目前,欧洲在太阳房技术和应用方面处于领先地位,特别是在玻璃涂层、窗技术、透明隔热材料等方面。日本已利用这种技术建成了上万套太阳房,节能幼儿园、节能办公室、节能医院也在大力推广,我国也正在积极推广利用。

太阳房分为以下3种。

1.主动式太阳房。一般由集热器、传热流体、蓄热器、控制系统及适当的辅助能源系统构成。它需要热交换器、水泵和风机等设备,电源也是不可缺少的。因此这种太阳房的造价较高,但是室温能主动控制,使用也很适宜。主动式太阳房的一次性投资大、设备利用率低,维修管理工作量大,而且仍然要耗费一定量的常规能源。

2.被动式太阳房。通过建筑朝向和周围环境的合理布置,内部空间和外部形体的巧妙处理,以及建筑材料和结构、构造的恰当选择,在冬季集取、保持、贮存、分布太阳热能,从而解决建筑物的采暖问题。它是最简便的一种太阳房,建造容易,不需要安装特殊的动力设备。

3.空调制冷式太阳房。这是更为讲究、更高级的一种太阳房。

对于居住建筑和中小型公用建筑来说,主要采用的是被动式太阳房。

被动式太阳房的种类

被动式太阳房的类型很多,如果从利用太阳能的方式来划分,大致有如下几种类型。

1.直接收益式太阳房。这是被动式太阳能供暖中最简单的一种,让阳光直接透过宽大的南窗玻璃面照射到起贮热作用的内墙和地板上。在夜晚，房间温度开始下降时墙和地板内贮存的热量通过辐射、对流和传导又被释放出来，使室温维持在一定水平上。

直接收益式太阳房是最容易建造的太阳房。直接收益窗（集热窗）是直接收益式太阳房获取太阳能的唯一途径，它即是集热器，又是散热部件。一个设计合理的集热窗应保证在冬季通过窗户的太阳热能大于通过窗户向室外散发的热损失，而在夏季要使照在窗户上的日射量尽可能地少。

通过增加窗的玻璃层数可以增加夜间的保温性能，改善窗的保温状态。

2.集热、蓄热墙式太阳房。这种太阳房间接向房间供暖。阳光首先照射到带玻璃外罩的集热墙上，然后通过两种途径向室内供热，一方面集热墙在吸收太阳辐射后，通过传导把热量输送到墙体的内表面，然后以辐射和对流的方式向室内供热；另一方面通过玻璃与集热体夹层中被加热的空气，由墙体的上部送风口向室内输送热量。

3.附加温室式太阳房。所谓"附加温室"是指附加到房屋上的温室。这种附加温室式被动太阳房既可用于新建太阳房，也可在旧房改建时附加上去。

4.屋顶集热蓄热式太阳房。在屋顶上面放置装满水的密封塑料袋，其上再设置可以水平推拉启闭的保温盖板。系统能在冬夏两季工作，可以兼起供暖与降温的作用。

5.花格集热蓄热墙式太阳房。它是以花格墙为集热蓄热体的被动式太阳房。

🔴 太阳能地板辐射采暖系统

太阳能采暖系统一般由太阳能集热器、控制器、集热循环泵、蓄水保温水箱、辅助热源、供回水管和散热装置等组成。

太阳能地板辐射采暖系统把整个房间地面作为散热面，依靠辐射传热的方式将热量传递到物体和人体表面，实现由地面向房间的辐射供暖。

这种采暖系统辐射换热量约占总换热量的 60% 以上，是以辐射散热为主，热容量大，热稳定性好，比其他供暖方式更舒适、更科学、更节能。

太阳能纳米真空超导采暖系统

太阳能纳米真空超导采暖系统利用超导采暖系统结合太阳能热水的各项优点，以超导暖气片为热能散热装置，当太阳能热水器的水温上升到 35℃以上时，激发超导暖气片的超导介质，即实现热能的声速传导，3 分钟即可将系统传导至最佳温区，从而达到 24 小时全天候供暖。

太阳能热水器更节能、更经济

目前市场上的热水器有燃气热水器、电热水器和太阳能热水器三种。太阳能热水器不但可以用太阳能加热，节约能源，阴雨雪天也可用电加热，功能更强。

燃气热水器使用的是燃气加热，不节能低碳，而且还存在很大的安全隐患。

电热水器虽然相对燃气热水器要环保，但电量消耗比太阳能热水器要大很多，不够节能低碳。

虽然太阳能热水器的价格比电热水器和燃气热水器价格贵，但之后一年四季只要有阳光都可以只用太阳能。即使没有阳光要用电烧水，一年估计 40 多天用电，也能比电热水器节约更多的电能，如按 100 元电费计算，相比热水器一年能节省 500 元电费，更经济。

所以，从长远看，如果住房条件具备，最好还是使用太阳能热水器。

太阳能热水器的维护要点

太阳能热水器的日常维护与管理非常重要。日常维护好，既能更好地吸收太阳能，保持使用效果，又能延长使用寿命。

1. 集热器外壳、水箱、支架、管路等要经常维护，必要时要作防腐防锈保护处理。

2. 定期清除透明盖板（指平板型和闷晒式太阳能热水器）或全玻璃真空集热管上的灰尘、污垢，保持盖板或玻璃管的清洁透明。清洁工作宜在早、晚或阴天进行，以防玻璃盖板温度过高而被清洗冷水激碎。

3. 注意保护透明盖板不受损坏。在冰雹多发地区要注意天气预报，以便及时采取遮盖防护措施。如果透明盖板或玻璃管损坏或破碎，要及时修复、更换。

4. 定期清理集热器（尤其是全玻璃真空集热管底端）或水箱底部的沉淀污物，以防堵塞管道，并保持水质清洁。

5. 定期检查集热器、水箱、各管道及其连接点是否有渗漏现象，如有渗漏应及时修复或更换。全玻璃真空集热管与水箱连接处使用的硅胶密封圈，时间长久易老化渗漏，出现漏水应及时更换。

6. 定期检查集热器外壳、箱体的气密性是否良好，检查保温部件是否有破损，出现问题，及时修复或更换，以保持集热系统良好的隔热保温性能。同时防止雨水和灰尘进入集热器，否则会破坏和降低其吸热性能。

7. 吸热体涂层如有脱落、破损，应及时修复或更换，否则影响集热效果。全玻璃真空集热管内管吸热涂层脱落严重，或者内外管之间已失去真空（即一般情况下手摸外管烫手），应及时更换质量合格的新管。

太阳能热水器要避免空晒

日常使用太阳能热水器时，不论热水是否用完，都应及时上满冷水，避免空晒。如果当晚水压不足，难以上水，那么夜里或第二天早上也要将水补满。

对于全玻璃真空管太阳能热水器，在晴热天气时，一定要在上午 10 点之前或在下午 4 点以后补上冷水。因为晴热天中午时分，太阳辐射强，玻璃管内温度很高，这时补上冷水，易激碎玻璃管。

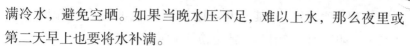 夏季使用太阳能热水器要注意控制水温

太阳能热水器的水温一般不要超过 60℃，否则不仅影响水箱的寿命，而且容易产生沉淀和结垢。

夏季当水温超过 60℃时，可以用顶水法放掉一部分热水，同时也补进一部分冷水，以降低箱内水温。

冬季使用太阳能热水器要注意防冻

冬季如果气温在零下且时间较长，事前就应将水箱排空，使上水管中不存水，以免冻坏水箱和上水管。为此，要经常注意天气预报，在雪天或寒流到来前要做好预防。

太阳能热水器水箱吸瘪怎么办

太阳能热水器水箱吸瘪是由于没有安装排气管或排气管堵塞，放水时，空气进不去，箱内产生负压而引起的。所以应及时装上排气管，或清除掉排气管中的堵塞物。

太阳能热水器漏水怎么办

如果发现太阳能热水器晚上上满水，第二天水量却变少了。这多半是因水箱、集热器或管路连接处渗漏引起，或者是上水管有裂纹漏水。

如果采用的是落水法，热水器淋喷头全天滴水，说明落水阀漏水。

出现少水现象，可能原因是上述之一，也可能以上原因都有。要及时查明原因，修补渗漏或更换管道零部件。

 太阳能热水器溢流管一直滴水怎么办

发现太阳能热水器溢流管一直滴水，一般有两种原因：

一是因为水箱装满水，水温上升时体积膨胀，余水便从溢流口滴出，这属正常现象。如不让滴水，可用落水法，放出一部分水，使水箱水不满，就不滴了。

二是因为上水阀漏水，就需要更换上水阀。

太阳能热水器上水总上不满怎么办

发现太阳能热水器上水总上不满，应根据情况分别做出处理：

1.如果是因为水箱中上部位裂开，水到此处即流出，始终不满，或是因为水箱或其他地方有渗漏，上满水后又漏掉，这就要及时修复或更换部件。

2.如果是因为自来水压力不足，水上不去，那就不必采取措施，等自来水压力充足后，自然就会上满了。

太阳能热水器溢流管不出水而从楼顶流水怎么办

如果发现长时间溢流管不出水而从楼顶流水，要根据以下提示查明原因，并做出相应的处理。

第一个原因：溢流管脱落，水箱装满后，水从溢流口直接流到楼顶上。要重新安装溢流管。

第二个原因：溢流管堵塞，水满后从排气管流到楼顶上。要疏通溢流管或更换溢流管。

第三个原因：上水管脱落或裂开，水进不了水箱，或始终上不满水。要重新安装上水管或更换上水管。

使用有辅助电加热的太阳能热水器应注意什么

首先要认真阅读使用说明书，熟悉、掌握安全使用与操作的步骤和要领。

1.启动电加热前，务必检查水箱是否装满水，千万不能空箱加热或半箱水加热，否则会烧坏电热器，发生危险。

2.水温加热至所需温度（或控制温度），即关掉电源停止加热（温控器自动切断电源），使用时不要开启电源，安全起见，最好拔掉电源插头。

3.经常查看电源线是否损坏老化，电热器加热是否正常，如出现异常，应停止使用，并及时查明原因，或修复或更换。

天气晴朗而太阳能热水器中的水不热怎么办

如果发现天气晴朗而热水器中的水不热，一定要查明原因，并做出相应处理。

原因可能是循环管形成反坡，导致冷热水循环不畅或不循环，那就要纠正反坡。

也可能是集热箱体密封不好或真空管真空度降低，保温部件不保温，水温升不上来，那就要修复或更换部件。

还有可能是上水阀跑水，始终进冷水等，这就要更换上水阀。

太阳能热水器水箱中有热水放不出来怎么办

如果发现太阳能热水器水箱中有热水但放不出来，有可能是出水管口处堵塞，热水下不来，那就要疏通出水管；也有可能是因电磁阀失灵导致水路不通，那就要更换电磁阀。

如果是因为使用顶水法取热水，自来水压力不够，热水下不来，那就要改用落水法或其他方法。因为采用顶水法的条件是在使用热水期间，水压应保证符合设计要求，否则就不宜采用。而在自

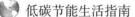

然循环和强迫循环系统中宜采用顶水法获取热水。通常使用浮球阀自动控制提供热水。

太阳灶是较成熟的太阳能产品

太阳灶是利用太阳能辐射，把低密度的、分散的太阳辐射能聚集起来，进行烧水、蒸煮和烹饪的灶具。它不需要任何燃料，没有任何污染，正常使用时加热速度很快，和煤气灶速度差不多。

太阳灶已经是较成熟的太阳能产品，人类利用太阳灶已有200多年的历史，特别是近二三十年来，世界各国都先后研制、生产了各种不同类型的太阳灶。

根据不同地区的自然条件和人们不同的生活习惯，太阳灶每年的实际使用时间在400~600小时，每台太阳灶每年可以节省秸秆500~800千克，经济效益和生态效益十分显著。

箱式太阳灶

箱式太阳灶是根据黑色物体吸收太阳辐射较好的原理研制成的。它是一个箱子，朝阳面由一层或两层平板玻璃盖板安装在一个托盖条上构成，其目的是为了让太阳辐射尽可能多地进入箱内，并尽量减少向箱外环境的辐射和对流散热。箱子里面放了一个挂条来挂放锅及食物。箱内表面喷刷黑色涂料，以提高吸收太阳辐射的能力。箱的四周和底部采用隔热保温层。箱的外表面可用金属或非金属制成，主要是为了抗老化和形状美观。整个箱子包括盖板与灶体之间用橡胶或密封胶堵严缝隙。使用时，盖板朝阳，温度可以达到100℃以上，能够满足蒸、煮食物的要求。这种太阳灶结构极为简单，可以手工制作，且不需要跟踪装置，能够吸收太阳的直射和散射能量，故价格十分低。但由于箱内温度较低，不能满足所有的炊事要求，所以推广应用受到很大限制。

平板式太阳灶

平板式太阳灶是利用平板集热器和箱式太阳灶的箱体结合起来研制而成的。平板集热器可以应用全玻璃真空管，温度均可以达到100℃以上，产生蒸汽或高温液体，将热量传入箱内进行烹饪。普通拼版集热器如果性能很好也可以应用，例如盖板黑的涂料采用高质量选择性涂料，其集热温度也可以达到100℃以上。这种类型的太阳灶只能用于蒸煮或烧开水，推广应用也受到很大限制。

聚光太阳灶

聚光式太阳灶是将较大面积的阳光聚焦到锅底，使温度升到较高的程度，以满足炊事的高温要求。常见的聚光太阳灶有以下几种：

1.伞形太阳灶。像一把伞，旋转抛物面由若干块楔形的抛物面组成。楔形镜面结构用聚酯镀铝薄膜作反射镜较为方便。反光薄膜可直接粘在基材骨架上。这种结构的关键是抛物面基架的加工。镀锌铁板、玻璃钢均可作基材，也可用铁、铝等金属浇铸而成，然后将表面抛光并加保护层作反光面。

2.偏轴椭圆抛物面太阳灶。其焦点在抛物面的一侧，炊事时操作方便，炊具阴影不落在反光面上。这种太阳灶的设计比较合理，因此用得较多。

3.折叠式聚光式太阳灶。由许多条反光镜组成。这些反光镜以阶梯式连接，每一条反光镜都是一个抛物面，由于安装倾角不同而聚焦于同一处。为了减少重量和加强保温，反光镜基材可用硬质泡沫塑料制成。这种太阳灶方便野外工作人员折叠携带。

我国农村推广的一些聚光太阳灶，大部分为水泥壳体加玻璃镜面，造价低，便于就地制作。

室内太阳灶

室内太阳灶由聚光面、热管、贮热装置、炊具等组成，它采用传热介质（液体），把室外聚集接收到的太阳辐射能传递到室内，然后供人们用来烹煮食物。

据报道，澳大利亚研制的室内太阳灶室内炊事温度可达到150℃。

 储能太阳灶

利用光学原理把低品位阳光聚焦达到 800~1000℃的高温后，再利用导光镜或光纤使高温光束导向灶头直接利用或将能量储存起来。这种全新的太阳灶不仅可以做饭烧水、烘烤、储能，而且可以作为阳光源导向室内作照明用或作花卉、盆景的光照用。

 手动跟踪和自动跟踪太阳灶

太阳灶的跟踪装置种类很多，但主要有手动跟踪和自动跟踪两大类。由于自动跟踪装置价格昂贵，目前我国太阳灶大都采用手动跟踪。

手动跟踪太阳灶在使用过程中 5~10 分钟须调整一次倾角。可以在淘米洗菜的同时，隔一段时间调整一次倾角，操作还是方便的。自动跟踪装置价格昂贵，若仅用于中午做饭，在经济上是不合算的。但是，如果把太阳灶作为自动跟踪集热器，一天中连续工作，除做饭外，其余时间烧开水储存起来备用，或用其他方式把能量储存起来，那么就应考虑购置自动跟踪太阳灶。

 使用室外太阳灶的注意事项

箱式太阳灶、平板式太阳灶、聚光太阳灶均应在室外阳光下工作，使用时要注意以下几点。

1. 宜在天气晴朗、阳光直接照射的户外使用。使用时先将灶面面向太阳，放置好炊具后调整灶面角度，随着太阳的移动及时调整灶面。

2. 不锈钢炊具底部宜涂黑，以便高效吸热，缩短加热时间。

3. 发现加热较慢时应检查炊具底部是否涂黑，光照是否充足，焦聚是否偏离。

4. 要改变太阳灶的功率只需调整焦聚在炊具上的覆盖面。

5. 对金属运转部件两个月应进行一次润滑保养。

6. 清洗灶面时切不可用硬物或化纤布干擦，应用毛巾或软棉布蘸水由上而下轻轻擦拭，使用适量洗涤剂效果更好。反射面上如有灰尘可用清水冲洗掉，微小灰尘不影响使用。

7. 反射面不使用时不要放在太阳光下照射，不要被风吹雨淋，可用布做套将太阳灶罩起来。

8. 在太阳灶附近两米内不要放置易燃易爆物品。

9. 千万不要把手或身体其他部位伸入焦聚覆盖面内，以免灼伤。不要让儿童攀爬灶体。

太阳能烤箱

太阳能烤箱不用电，且使用寿命长，不污染环境，是电力缺乏地区的理想之选。只要有太阳的地方，都能使用太阳能烤箱。太阳能烤箱是一款成熟的太阳能产品，阳光明媚时可以达到110℃。

食物放在箱内，用透明盖板盖上。透明盖板可导入太阳辐射加热食品以及起密封作用，四周外侧有 8 块反射板可反射阳光。反射板可用真空镀铝薄膜，当反射板成角度地朝箱内导入阳光时，涂黑的箱壁内部就吸收太阳能。箱壁可选用黑色搪瓷材料，既吸热又卫生、耐腐蚀，箱体底部和周边必须有保温隔热材料。便携式太阳能烤箱的特点是可折叠，通过手柄可手提，适合旅游野餐及野外工作者使用。

太阳能灯比普通电灯优点更多

与使用电的灯具相比，太阳能灯具有以下优点：

1.太阳能灯安装更简便。太阳能灯具安装时，不用铺设复杂的线路，只要做一个水泥基座，然后用不锈钢螺丝固定就可以了。

2.太阳能灯不需要交电费。购买太阳能灯属一次性投入，无任何维护成本，可长期受益。

3.太阳能灯是超低压产品，运行安全可靠，没有安全隐患。

太阳能灯可广泛用于家庭院落、草坪，也可用作门前的路灯。

弱风型"大风车"可满足小型家用电器的用电量

弱风型"大风车"专门为居民生活用电设计，最大功率不超过1000瓦。其最大的特点是启动的风速低，最低可以在2级风力条件下工作。这种风车高两三米，由于风叶设计酷似核弹头，别名就叫"核弹头"。平时，它将风能转化为电能，并积蓄起来，可以满足不少小型家用电器的用电量，包括日常照明、电脑、电视机以及热水器等。

风光互补路灯可作为庭院灯、草坪灯

风光互补路灯是在风力发电机的支撑架上，安装两个翅膀状的太阳能电池板，由此将风能和太阳能结合在一起，物尽其用。在不同的天气情况下，风光互补路灯可以根据安装地点的风力和太阳辐射量的变化，将风能和太阳能转化为电能，更节能、更环保，可作为庭院灯、草坪灯使用。

地源热泵采暖系统

这种装置将地热能分别在冬季作为热泵供暖的热源，在夏季作为空调的冷源。

　　在冬季，把地热能中的热量"取"出来，提高温度后，供给室内采暖，如使用地下盘管中循环流动的热水作为热源，借助地源热泵机组，通过消耗少量的电能，在冬天将水资源中的地热能"汲取"出来，经地暖管网供给室内，达到采暖效果。在夏季，把室内的热量取出来，释放到地下去。通常地源热泵消耗1千瓦的能量，用户可以得到4千瓦以上的热量或冷量。

三、沼气使用和日常管理方法

　　使用沼气可以改善农村生态环境卫生，保护山区树木，减少碳排放量。建一个 8~10 立方米的农村户用沼气池，一年可相应减排二氧化碳 1.5 吨。按照 2005 年达到的推广水平（1700 多万口农村户用沼气池，年产沼气约 65 亿立方米），全国每年可减排二氧化碳 2165 万吨。

如何使用沼气更安全

　　1.沼气灯具不能靠近柴草、衣服、蚊帐、汽油、柴油等易燃物品，特别是草屋灯具与屋顶至少应保持 1 米的距离。

　　2.沼气灶要安放在专用灶台上使用，不要在书柜上或床头煮饭、烧水。

　　3.沼气阀门应安装在安全的位置，稍高一点，防止小孩乱开。用气后要及时关阀门，防止沼气在室内扩散。如果忘记关闭阀门，造成沼气充满居室可能会引起火灾。

　　4.经常检查是否漏气。当采用正确的发酵、管理方法而沼气池的产气量明显下降或用气效果不好时，应认真检查沼气池是否漏气，导气管和池盖连接处、输气管和开关是否漏气，发现问题要及时修补或更换。

　　5.使用沼气的厨房要保持空气流通，如进入室内闻有臭鸡蛋味（沼气中的硫化氢气味），应立即打开门窗排出沼气。这时绝不能在室内点火、吸烟，以免发生火灾。

6.沼气纱罩上有一氧化碳毒物，因损坏而换下的旧纱罩要深埋，如手上蘸到灰粉要及时洗净，注意不要弄到眼睛里或粘到食物上，以免中毒。

7.在使用沼气不慎发生火灾的情况下，首先要截断气源，使沼气不再输入室内，同时迅速组织力量灭火。若一户发生火灾，邻居要迅速停止用气，隔绝气源，以免火灾蔓延。

如何排除沼气压力表常见故障

1.指示针不能回零。这时应将压力表盖打开，把指示针取下，放在零位重新装上即可。

2.压力表内漏气。产生此类故障的主要原因是金属膜盒焊接不牢或腐蚀穿孔，发生此现象只能返厂维修。

性能优良的沼气灶应具备哪些条件

1.具有一定热负荷。沼气通过灶具燃烧时，单位时间内所释放出的热量称为灶具的热负荷。灶具在沼气燃烧时，在沼气压力可变的范围内，得到热负荷能基本满足用户的需要。

2.燃烧完全，热效率高。沼气的热效率在55%以上，烟气中的一氧化碳含量不超过0.1%。有的沼气灶燃烧不完全，会产生一氧化碳等有害气体，不仅对人体有害，同时也降低了使用热效率。

3.燃烧稳定。在压力、热值、热负荷可能变化的范围内燃烧稳定，即不脱火也不回火，在燃烧时不发生黄焰现象。

4.燃烧时噪音小。

5.结构简单、价格低廉、使用方便、安全可靠。

目前使用的沼气灶有哪些种类

1.高级不锈钢脉冲及压电点火双灶、单灶，电子点火节能防

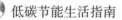
风灶，人工、电子点火四型灶。

2.按材料分有铸铁灶、搪瓷面灶、不锈钢面灶。

3.按使用类别分有户用灶、食堂用中餐灶、取暖用红外线灶。

如何正确摆放沼气灶

沼气灶应距离墙面15厘米，连接灶具进气管的软管长度应保证沼气输送畅通，输气管路不允许过短或过长、盘卷，不得扭曲，不得90°弯折。沼气灶的安装应严格按照标准要求执行。

农户需要移动沼气灶可以另外配软管，尤其注意保持灶具与墙的距离，以保持软管与硬管连接的适当长度，保证软管不扭曲和弯折，使沼气灶正常使用。

沼气灶与锅底的距离多远合适

沼气灶具与锅底的距离应根据灶具的种类和沼气压力的大小而定，过高过低都不好。合适的距离应是灶火燃烧时"伸得起腰"，有力，火焰紧贴锅底，火力旺且带有响声。在使用时可根据上述要求调节适宜的距离，一般灶具距离锅底以2~4厘米为宜。

沼气灶火焰脱离燃烧器怎么办

沼气灶火焰脱离燃烧器也应根据不同情况做出不同处理：

1.若是喷嘴堵塞，沼气灶前压力太低，空气比例过多，就应清除喷嘴里的障碍物，提高灶前压力，关小调风板。

2.若是沼气中甲烷含量减少，热值降低，就应调节沼气发酵液的酸碱度，在沼气池里添加新原料，以提高沼气中的甲烷含量。

使用沼气灶时如何控制灶前压力

我国农村家用水压式沼气池的特点是压力波动大，早晨压力高，中午或晚上由于用气后压力会下降。当灶前压力与炊具设计压力相近时，燃烧效果好。而当沼气池压力较高时，灶前压力也同时增高，大于灶具的设计压力，热负荷虽然增加了，但热效率却降低了。所以在沼气压力较高时，要调节灶前开关的开启度，将其关小一点，控制灶前压力，从而保证灶具具有较高的热效率，以达到节气的目的。

如何检修脉冲沼气灶的故障

在沼气池正常产气的情况下，灶具脉冲点火的故障需本着先易后难、由表及里的原则，并根据故障出现部位概率的大小，按以下4个步骤进行检修。

1.首先检查电池盒电池电量情况及电池正负极是否误装，如有必要先更换新电池。

2.如更换新电池无效，就应检查电池盒内弹簧是否锈蚀或脏污，这些都会引起电池接触不良而影响点火器正常工作。如果有锈蚀或脏污，用细砂纸打磨污点直到光亮即可。

3.检查点火控制开关是否接触不良，电池盒到开关连线是否断线，开关插头是否松脱、氧化、锈蚀。如果是这些问题，只要接好线路，或将插头锈蚀刮除或打磨光亮后插紧即可。

4.最后是特殊故障的检修，有以下几种方法：

（1）能听到轻微的"啪啪"放电声，但放电瓷针上看不到电火花。这种故障说明电池盒工作正常，而高压输出部分存在短路故障，应检查高压线是否破损、潮湿和油污。处理方法是将高压线擦干净，将破损处用绝缘胶带包扎并将其剥离灶体金属部位。另外，放电瓷体击穿也会导致高压短路，只要卸下瓷体更新即可。

（2）能听到电池盒有轻微的"吱吱"声，但听不到放电打火声。产生这种故障多是由于高压线圈击穿、短路、断线等造成。

（3）能听到放电声，放电瓷针上也有火花，但火花不是蓝色而是红色。这很可能是放电间隙太远或太近，只要调整放电间隙，将电极及支架距离调至 3~4 毫米即可。

使用脉冲沼气灶时需注意哪些问题

1.首先要仔细阅读使用说明书，使用前先将沼气灶的保护膜撕掉。脉冲点火的沼气灶要安装电池，电池在沼气灶面板内侧面或后面。

2.点着火后如果沼气灶火焰不稳定，要调整灶前面板后的风门。风门的方向可以左转也可以右转，要边转边看火焰变化，调到火焰清晰、稳定就可以了。

3.使用一段时间后要清理燃烧器，拆下进行清扫，并用废牙刷或铁丝清理火孔。

4.脉冲点火的沼气灶在使用过程中点不着火，就要检查电池是否受潮或用的时间太长应更换了，注意不要让汤水打湿电池。电线扯断同样点不着火。

使用电子点火沼气灶时需注意哪些问题

1.要仔细阅读使用说明书，使用前先将沼气灶的保护膜撕掉。

2.电子点火不易点着时，可以转动火盖试一试，或者调低斥力，点着火再调高。

3.有时由于沼气中含甲烷量低、杂气多，使沼气灶点火针长期受到腐蚀，也会出现点不着火的现象，可以擦一擦或者调节点火针的距离。

沼气灶在使用中出现火焰异常怎么办

1.火焰不规则时应重新放好炉盖。

2.火焰短小无力时，应检查沼气管路有无偏压，检查喷嘴是不是有堵塞。

3.火焰短、易吹脱，应将风门调小。

4.火焰长而无力、发黄，应将风门调大使火焰呈蓝色。

5.火焰不均匀、有波动，应根据情况分别做出不同的处理：若是燃烧器堵塞或放偏了，或者喷嘴没有对正造成的，就应清除燃烧器的障碍物，修整燃烧器；若是在输气管道或灶具内积存了冷凝水，就应打开排冷凝水的开关，排出冷凝水，或者将灶具翻转过来倒出里面的积水。

沼气灶打火不灵或着火率低怎么办

1.若是脉冲点火电源不足，应更换新电池。

2.若是沼气输气不顺畅，输气管扭折、压扁、堵塞，应矫正或更换沼气输气管。

3.若是使用沼气灶的房间通风不畅，造成空气供应不足，应保证房间通风要好。

3.若是电极针距离不合适，应将电极针与支架距离调至3~4毫米。

4.若是引火喷嘴堵塞，可用细针通引火喷嘴。

5.若是挡焰板与点火喷嘴轴线倾斜角不对，应使用尖嘴钳调整。

沼气灶开关转不动怎么办

沼气灶开关转不动是由于栓帽压得太紧或者缺少润滑剂造成的。这时需要扭松栓帽或加点润滑油即可。

如何使用调风板来提高沼气灶的燃烧效果

沼气在燃烧的时候需要6~7倍的空气。沼气的热值会随着沼气池里的加料种类、加料时间、池子里的温度不同起变化，调风板就是为了适应这种不断变化的状况而设计的。根据沼气成分和压力变化情况，使用调风板调节风量的大小，以便使沼气完全燃烧，从而获得比较高的热效率。如果调风板开得太大，空气过多，火焰根部容易离开火孔，这会降低火焰的温度，同时，过多烟气又会带走一部分热量，因此热效率就会下降，而且还会产生一氧化碳，对人体有害。

沼气灶使用时火焰过猛、燃烧声音太大怎么办

沼气灶火焰过猛、燃烧声音太大，这是因为进入的空气过多或者灶前沼气压力太大引起的。这时只需关小调风板或灶前开关即可。

沼气灶有火花却点不着火怎么办

1. 若是沼气管通路堵塞，需检查通路，去除堵塞物，可用打气筒吹通沼气导管等。

2. 若是沼气纯度或浓度不够，需待沼气纯度适宜时再使用。

3. 若是配风不适，需及时调整灶具风门，使沼气与空气混合气适宜。

4. 若是针尖与出气孔金属触点距离或角度不适，需适度调整。

5. 若是总开关后面输气管路过长，需去除过长部分。

6. 若是管路严重漏气，需检查维修更换管线。

沼气灶部分燃烧或半边燃烧怎么办

沼气灶部分燃烧或半边燃烧应做如下处理：

1. 如果是沼气灶孔有堵塞物，需清除堵塞物。

2. 如果是配风不适，需调整风门。

3. 如果是气压过高，需要适度控制沼气进入灶具的气压。

沼气灶着火不旺有哪些原因

1. 沼气池产气不好、压力不足。

2.沼气中甲烷含量少、杂气多。

3.灶具设计不合理、质量不好，如灶具在燃烧时带入空气不够，沼气与空气混合不好，不能充分燃烧。

4.输气管道太细、太长或管道堵塞，导致沼气流量过小。

5.灶面离锅底太近或太远。

6.沼气灶内没有废气排出孔，二氧化碳和水蒸气排放不畅。

做饭时沼气灶的热负荷应合适

沼气灶热负荷是指沼气燃烧1小时灶具能放出的热量，通俗地说就是灶具燃烧火力的大小。热负荷过大，锅来不及吸收，火跑出锅外，热损失大，热效率低，浪费沼气。此时虽可稍缩短炊事时间，但加热时间的减少并不显著。热负荷过小，延长了加热时间，不能满足炊事用热要求，特别是不利于炒菜时使用。因此，热负荷过大、过小都不适宜。

沼气燃烧时灶盘边有"火焰云"而没有火焰怎么办

1.如果是因为灶面离锅底太近，需摆放好沼气灶架。

2.如果是因为灶中空气不足，需控制好锅底与灶面的距离。

3.如果是沼气灶的火孔大而密，需注意选择火孔合适的灶具。

沼气燃烧时火焰离开灶面发生脱火熄灭现象怎么办

发生这种现象的原因一般是：燃烧器的火孔小；喷嘴距离灶过近；沼气与空气混合比不适宜；池内压力过高，沼气的流速太快。

为了解决这个问题，要求选购优质的灶具并注意安装和使用。

沼气灶使用一段时间后燃烧器回火怎么办

这是由于分火器杂质太多，致使气流不通引起的。此时需立即关闭灶具，清洁火盖上的杂质。

性能优良的沼气灯具应具备哪些条件

家用沼气灯主要由燃烧器、反光罩、玻璃罩等部分组成。其中燃烧器又包括喷嘴、引射器、泥头及纱罩。以吊式灯型为例，性能优良的沼气灯具应具备如下一些条件：

1.宜采用直管进气旋转供氧，分层隔热防风圈防风。

2.必须设计合理，美观大方，经久耐用，拆卸、维修、调节、使用方法便于掌握，而且亮度强、光线稳定清晰、耗气量小、温度低、在室外能经受住3级风力。

3.沼气灯具不仅能供室内照明，而且能用于田间及鱼塘点灯诱蛾等。

4.使用沼气灯具时增氧孔调整及搪瓷灯盘要旋转自如。

5.在沼气池正常供气的情况下，灯具能调到不见明火只见白光、亮度最佳为宜。

沼气灯的安装要求是什么

1.沼气灯输气入口的输气管不应弯曲和盘卷，沼气灯前应安装开关。

2.沼气灯点火器的点火线应在反光罩侧面走线，不要盘卷在沼气灯散热罩上。

沼气灯具都有哪些用途

1.可供照明。

2.温室大棚蔬菜二氧化碳施肥。

3.沼气灯增温育雏鸡、养蛋鸡。

4.沼气灯诱虫养鱼、养鸡、养鸭。

5.沼气灯孵鸡。

如何使用沼气灯具

不同型号的沼气灯亮度不同，使用时应选择符合国家标准的灯具、亮度好的纱罩并配有玻璃灯罩。纱罩使用时须扎正，防止烧偏，第一次使用时沼气量要充足，才能将纱罩烧成灰白色并成圆形，这样才能使亮度好。使用沼气灯时应先点火、后给气，由小到大逐渐调节，防止因气量大使火冲破纱罩。

如何调节沼气灯风门

一般情况下调节风门后，沼气灯能够正常启辉，纱罩上不会出现明火，灯的照度正常。风门调节不起作用时应关掉沼气，查看沼气灯喷嘴与引射器的位置是否正确，喷嘴不应占风门的位置，一定要把风门空出来再调节风门位置，直到纱罩燃烧状况正常20秒内启辉为止。

沼气饭煲的特点是什么

1.沼气饭煲保持了传统明火煮饭的优点，做出的饭香醇可口。除了煮饭，沼气饭煲还可以用来炖焖、煲汤、煲粥、蒸馒头等。

2.沼气饭煲不仅具有款式新颖、式样美观、功能全面、操作简便、省时省气等优点，而且饭熟后能自动熄火、自动保温，不会煮夹生饭。

如何使用沼气饭煲

1.沼气饭煲应放置于平稳、通风之处，并离墙10厘米以上，勿靠近其他易燃易爆物品。

2.使用质优的沼气。

3.安装时必须使用直径9.5毫米的沼气软管，将软管插入沼气饭煲的燃气入口接头并用管夹夹紧。

4.沼气饭煲在启用前安装一节5号电池于底座的电池盒内，安装时要注意正负极方向。

5.洗米、加足水后把内锅的外表面水滴擦干。

6.煮饭前必须将煮饭、保温按键提至上端的位置，然后打开燃气开关。

7.轻缓地按下煮饭、保温按键，电脉冲点火器电极即发出3~5秒的连续打火声，火即自动点燃。

8.点火时必须在观察窗观看，确认主燃烧器已正常燃烧后才能离开。

9.饭熟后煮饭按键自动跳起，主燃烧器关闭，进入保温状态。

使用沼气饭煲时应注意哪些问题

1.沼气饭煲正在工作时不要随意搬动。

2.沼气饭煲在有空调设备的室内使用时，必须具备良好的排气装置。

3.切勿使用有损伤痕迹的胶管或其他非燃气使用的胶管。

4.安装沼气软管时，切勿让胶管穿过沼气饭煲的底壳或接触锅壁。

5.如发现电脉冲点火器电极发出的声音断续、微弱且点不着火时，就必须更换新的电池。

6.沼气饭煲长期不使用时必须将电池取出。

7.如发现漏气等不正常现象须立即关闭气源，检修好后才能使用。

沼气饭煲保温功能丧失怎么办

沼气饭煲保温功能丧失的原因是进入保温燃烧器的通路堵塞，需清除通路堵塞物。而饭未熟却过早跳闸则是因为感应器失灵，需更换感应器。

沼气热水器怎么使用

1. 将 2 节 1 号干电池按极性装入电池盒中。

2. 打开通向热水器的沼气开关（阀门）和进水开关（阀门）。

3. 将热水开关打开，便会自动点火。新安装的沼气热水器因管路里有空气，一次可能点不燃，间歇重复几次，待空气排出后便能点燃热水器。

4. 如水压不够导致热水器点不着，要安装小型水泵或建高位水箱。

5. 调节水气两旋钮得到所需要的水温后再使用。

6. 自装混水阀的用户不宜将冷水开得太大，避免分流后影响热水器正常工作。

7. 局部地区水压过大（水量调不小）出现水不热时，应关小进水开关（阀门）。

8. 使用沼气热水器时若中途停用，只需关闭出水阀门或进水阀门，水流停止后热水器自动熄火。

9. 使用完毕后要分别关闭热水器的进水阀门和沼气阀门。

使用沼气热水器要经常做哪些安全检查

在使用沼气热水器时要经常用肥皂水涂抹管路的连接处，检查是否有沼气泄漏。使用中发现异常时应随时关火检查。

如发现漏气应立即关闭气源，打开门窗通气，禁止使用一切火源及电器开关，以免引起事故。排除故障后才能再使用。

沼气热水器附近不可放置易燃、易爆、有腐蚀性物品。

如何对沼气输气管路进行漏气检查

对沼气输气管路进行漏气检查时，应关闭沼气灶具前、沼气灯前的输气开关，拔下连接灶具一端的输气管，把输气管折弯

180°并紧握，将沼气池输气出口一端的开关关闭，拔下管子，装一个开关向输气管打气，压力表指示在 10 千帕时迅速关闭开关，3~5 分钟后不下降则说明不漏气，反之则漏气。或者在通气时用肥皂水检查整个管线及连接位置是否漏气。

四、节电的秘诀

现在我们用的电主要是煤电，在发电的过程中会因燃煤排出大量的二氧化碳，所以，节电就是减排。家庭用电中，二氧化碳排放量（千克）等于耗电数乘以0.785。也就是说，用了100千瓦时电，就等于排放了大约78.5千克的二氧化碳。那么，生活中节电该从何做起？都有哪些窍门和技巧？

户外锻炼比健身房锻炼更时尚

大部分年轻人一健身就会想到健身房，他们除了健身的需要，还喜欢健身房的教练、器材和时尚的氛围。

其实，户外锻炼又何尝不时尚呢？事实上，在美国、加拿大等地，户外健身训练营渐成新风尚。

与健身房相比，户外锻炼既省电，又能观景，还能呼吸到新鲜空气。显然，户外锻炼更省电低碳，还更自由自在。

户外锻炼时注意不要忘了带上一瓶水、一条毛巾、一个垫子和一瓶防晒霜。

不着急时不妨用爬楼梯代替坐电梯

一些人只有到了电梯停电或出现故障时，才会爬楼梯。出了电梯又上车，下了车又进办公室。这样的生活方式既费电费油，又不利于身体健康。如果通过用爬楼梯代替坐电梯、较低楼层改爬楼梯、多台电梯在休息时间只部分开启等行动，大约可减少10%的电梯用电。这样一来，每台电梯每年可节电5000千瓦时，相应减排二氧化碳4.8吨。全国60万台左右的电梯采取此类措施每年可节电30亿千瓦时，相当于减排二氧化碳288万吨。

按需用电

1.平时要尽量注意利用自然光，只在特别需要时才使用电灯，并在不用时随手关灯。

2.早晨、傍晚天色不是很暗时，如果不写字、没做精细的眼睛识别活动，就不用开灯。

3.不要把室内的灯都打开，随手关掉不必要的灯，这会让照明用电成倍降低。

家电也需要休息

劳逸结合地使用家电，才能延长家电的使用寿命。电视机全天播放、冰箱又开又关、抽油烟机连轴转、计算机上网昼夜玩，就会使家电寿命大为缩短、死机，也有可能发生突然烧坏的情况。

莫让家电长时间处于待机状态

有些人在使用电器时，特别是使用空调、电视等配有遥控器的电器时，往往只是用遥控器关机；电脑只是关了主机，没有关显示器和相关设备，更没有关插线板上的开关。事实上，这都没有真正地关机，电器还处于待机状态。如果让各种家电长时间处于待机状态，就会白白消耗大量电能。

据芬兰环保局统计，家庭用电至少有11%是在家电待机状态下白白浪费掉的。每台家电在待机状态下耗电一般为其开机功率的10%左右，大致为5~15瓦。以电视机为例，平均每台电视每天待机 2 小时，待机耗电 0.02 千瓦时，我国电视机保有量 3.5 亿台，一年的待机耗电量高达 25.55 亿千瓦时，相当于几个大型火力发电厂一年的发电总额。

所以，平时用完电视、电脑、空调、微波炉、洗衣机等具有待机功能的家电后，一定要随手关掉电器开关，拔掉插头。手机或充电电池充满电后，应立即拔掉充电插头。

冬季为什么不能频繁开关家电

在冬季，家电的工作温度与室温相差较大，如果太频繁地开关，其内部元器件就有可能在高、低温度的转换中遭到损坏。例如电视机的工作温度一般在 30℃左右，如果频繁开关，高、低温循环冲击内部元件，会导致元器件阻值、容抗等参数发生变化，使整机性能下降，严重者还可能导致电视机损坏。

给电热水器包层隔热材料

有些电热水器因缺少隔热层会造成电的浪费。如果感觉家用电热水器的外表面温度很高，不妨自己动手给它包上一层隔热材料。这样的话，每台电热水器每年可节电约 96 千瓦时，相应减少二氧化碳排放 92.5 千克。如果全国有 1000 万台电热水器能进行这种改造，那么每年可节电约 9.6 亿千瓦时，减排二氧化碳 92.5 万吨。

电热水器保养要点

1. 通常容积式电热水器，如果水温超过 60℃以上，比较容易引起水解反应而结垢。最好每年进行一次清理，否则会增加加热的时间，也会更费电。

2. 定期清洁进水的过滤网，如果有污物堵塞过滤网，就会出现热水器出水量少的现象。

电热水器温度设定有技巧

1. 适当调低热水器的温度，例如将淋浴温度调低 1℃，每人每次淋浴可相应减排二氧化碳 35 克。如果全国 13 亿人有 20% 这么做，每年可减排二氧化碳 165 万吨。

2. 夏季气温高，热水使用相对较少，热水温度不用太高，一般 50℃ 上下就够三口之家的一天需要了。

3. 冬季冷水温度本来就低，而且家庭生活对热水的需求也增大了。因此，为了保证第二天的使用需要，就应该利用前一天晚上的用电低谷期，将水温加热至 75℃ 的最高值，并且继续通电保温。

衣服少时不妨手洗

如果每月用手洗代替一次机洗，每台洗衣机每年可节能约 1.4 千克标准煤，相应减排二氧化碳 3.6 千克。如果全国有 1.9 亿台洗衣机都因此每月少用一次，每年可节能约 26 万吨标准煤，减排的二氧化碳可以达到 68.4 万吨。这个数字是非常惊人的。

所以，在不太费力时，选择手洗衣服，不但省电、省水，还节省时间，同时也是一种锻炼。比如只有两三件衣物要洗，用洗衣机就会造成水和电的浪费，不妨手洗；如果衣服很好洗，没有顽固污渍，只需要去汗去尘，也不妨手洗。

洗衣前估计好洗衣的量

用洗衣机前要估计好洗衣的量。如果洗衣量过少，电能白白消耗；如果一次洗得太多，不仅会增加洗涤时间，而且会造成电机超负荷运转，既增加了电耗，又容易损坏电机。

因此，洗衣之前应该对要洗衣服的数量估计清楚，并根据自家洗衣机的额定容量进行妥当安排。

如果脏衣服太少，又不急着穿的话，可以攒够一桶再洗，这样更省电、省水。

洗衣用水量适中才省电

洗衣用水量不宜过多或过少，适中才省电。如使用波轮洗衣机，水量的多少对能效的影响很大。水量太多，会增加波盘的水压，加重电机的负担，导致耗电量增加；水量太少，又会影响洗涤时衣服的上下翻动，增加洗涤时间，也会使电耗增加。

洗衣粉适量即可

洗衣粉的投放量应适量，这是漂洗节水、节电的关键。过多使用洗衣粉，势必增加漂洗难度和次数，费水费电。那么，洗衣服时具体应该放多少洗衣粉呢？

以额定洗衣量 2 千克的洗衣机为例，低水位、低泡型洗衣粉，洗衣量少时约需 40 克，高水位时约需 50 克。按用量计算，最佳的洗涤浓度为 0.1% ~0.3%，这种浓度的溶液表面活性最大，去污效果较佳。市场上洗衣粉品种较多，功能各异，可以根据家庭的习惯进行选择。

先浸泡后洗涤更省电

洗衣前，先把衣物在流体皂或洗衣粉溶液中浸泡 10~14 分钟，让洗涤剂与衣服上的污垢起作用，然后再洗涤。这样，不仅能够使衣物洗得更加干净，而且可使洗衣机的运转时间缩短一半左右，电耗也就相应减少了一半。

合理选择洗衣机的强、中、弱挡

洗衣机的强、中、弱 3 挡洗涤功能，耗电量不同。许多人认为选择"弱洗"省电，其实这是一种认识上的误区。

在同样长的洗涤时间内，弱洗与强洗相比，改变叶轮旋转方向的次数更多，开停机次数更多。电机重新启动的电流是额定电流的 5~7 倍，弱洗开开停停次数多，所以弱洗反而费电。而强洗不但省电，还可延长电机寿命。

当然这也不是说弱洗不能使用，洗衣机功能开关的选择还要根据所洗衣服的种类来决定。一般丝绸、毛料等高档衣料，只适合弱洗；棉布、混纺、化纤、涤纶等衣料，可采用中洗；只有厚绒毯、沙发布和帆布等织物才采用强洗。

正确的方法应该是按衣物的种类、质地设定水位，按大小、重量设定洗涤方式，按脏污程度设定洗涤时间和漂洗次数，这样才能达到省电节水的目的。

另外，洗衣时能用凉水不用温水，能用温水就不要用热水，这也可以节能。

设定合适的洗衣时间

恰当地减少洗涤时间，就能节约用电，还能将洗涤不当给衣物带来的损伤降至最低。衣服的洗净度如何，主要是与衣服的污垢程度、洗涤剂的品种和浓度有关，而同洗涤时间并不成正比。超过规定的洗涤时间，洗净度也不会有大的提高，反而白白耗费了电能。所以应正确掌握洗涤时间，避免无效动作。

为了控制洗衣时间，应注意以下几个方面的问题：

1. 根据衣物的种类和脏污程度确定洗衣时间，一般合成纤维和毛丝织物洗涤 3~4 分钟、棉麻织物 6~8 分钟、极脏的衣物 10~12 分钟。

2. 分色洗涤，先浅后深。不同颜色的衣服分开洗，不仅洗得干净，而且洗得快，比混在一起洗可缩短 1/3 的时间。

3. 先薄后厚。一般质地薄软的化纤、丝绸织物，四五分钟就可洗干净，而质地较厚的棉、毛织品要十来分钟才能洗净。厚薄分别洗，比混在一起洗可有效地缩短洗衣机的运转时间。

减少漂洗次数的窍门

对于非全自动洗衣机，采用以下方法可以减少漂洗次数：

用一桶加洗涤剂的水连续洗几批衣物，从第二次开始适当添加洗涤剂，全部洗完后再逐一漂清。这样既省电省水，又节省洗涤剂和洗衣时间。

衣物洗完头遍后，最好将衣物甩干，把衣物上的肥皂水或洗衣粉泡沫脱干后再进行漂洗，也可减少漂洗次数，省电省水。

脱水只要1分钟

衣服洗干净后脱水时，只要1分钟就可以了，最多不要超过3分钟。各类衣物在转速1680转/分的情况下脱水1分钟，脱水率就可达55%，之后再延长时间，脱水率也提高很少。

衣服没必要都烘干

衣服洗净后，如果不急穿，最好不要烘干，只要挂在晾衣绳上自然晾干就可以了。这样总共可减少90%的二氧化碳排放量。

调好洗衣机的皮带可省电

洗衣前应及时更换或调整洗衣机的电机皮带，使其松紧适度。洗衣机的皮带若有打滑、松动现象，电流并不减小，但洗衣效果差。所以，适当调紧洗衣机的皮带，既能恢复原来的效率，又不会多耗电。

冰箱应摆放在环境温度低且通风条件好的地方

如果冰箱的放置位置不当，也会直接影响冰箱的实际耗电量。有测试表明，冰箱周围的温度每提高5℃，其内部就要增加25%的耗电量。所以，冰箱应摆放在环境温度低且通风条件良好的地方，要远离热源，避免阳光直射。靠近墙的距离最好控制在10厘米左右，同时顶部左右两侧及背部都要留有适当的空间，以利于散热。冰箱应放置在坚固平坦的地板上，同时要调整脚架高度，使正面稍高，避免门关不紧而浪费电能。另外，冰箱不要与音响、电视、微波炉等电器放在一起，因为这些电器产生的热量会增加冰箱的耗电量。

尽量减少开冰箱门的次数

冰箱门开关过于频繁，一方面会使冰箱内温度上升、冰箱的耗电量明显增加；另一方面进入冰箱内的潮湿空气容易使蒸发器表面结霜加快、结霜层增厚，会降低冰箱的使用寿命。另外，打开冰箱门的同时，箱内照明灯就开启，既消耗电能又散发热量。冰箱有很大一部分电是因为开关门时热空气入侵而浪费掉了。

普通家用冰箱，如果每天开关20多次，每次20~40秒，不仅会增加电费开支，还会影响冰箱的冷冻程度；如果每天开关40多次，电费会增加30%以上，还会影响冰箱寿命。

为了减少因开冰箱门而浪费电，使用冰箱时应注意以下几方面的问题：

1.开门次数尽量少而短。如果将电冰箱每天的开门次数从10次减到5次，一年可节电12~15千瓦时；如果每次开门时间从60秒缩短到30秒，一年又可节电25千瓦时以上。

2.冰箱门开启角度不宜过大。角度越大，损失的冷量也就越多，耗电量也就相应有所提高。

3.按照冰箱保鲜室每层的宽和高，裁出大小合适的保鲜膜，沿着每层的边把层与层分开蒙上保鲜膜，每次取东西只需掀开物品所在层的保鲜膜，这样能够有效防止外面的热空气对其他部位的冲击。

巧修冰箱门封条

冰箱磁性门封条如果密封性不好，会使冰箱漏气，制冷效果变差，增加耗电量，也容易使压缩机反复启动而烧毁。

可用一张薄纸片进行测试，看各处是否都夹得很紧，纸片任何一处都不得滑动。如果密封不良，应予维修或更新。

冰箱门封条的修理办法有以下几种：

1.巧用电吹风密封冰箱门封条。用电吹风的热风来吹密封不好的地方，不用很长时间，一般用 700 瓦左右的电吹风吹 1 分钟即可。这时塑料门封就会变软，停止吹风两分钟左右，门封条变形消除，漏气的部分就修好了。如果冰箱门封呈"S"形弯曲，可用直尺垫衬在封条的内侧，然后用电吹风对着弯曲部分加热，待封条冷却后再抽出直尺，便能使封条恢复原状。

2.白胶皮垫缝法修复冰箱门封条。如果冰箱门封条轻微变形，可将固定门封条的螺钉松开，在有缝隙的地方垫上白胶皮，再重新拧紧螺钉即可。也可以用一些软的塑料泡沫代替胶皮，塞进门封的缝隙中，也能解决门封不严的问题。

3.如果冰箱门关闭后与箱体不平行，可以调整固定箱门的支架，使之达到平行。

4.扫除冰箱门封条处的铁屑。有时，冰箱的磁性门封条上会吸附有铁屑或金属粉末，这会使冰箱门关闭不严，甚至会磨损到冰箱门封条。可以在无铁屑处放上一张白纸，用毛刷或抹布将铁屑扫到纸上，再提起白纸，这样铁屑就掉了，冰箱门也会严密如初。

冰箱放东西不能多也不能少

有些人认为冰箱里放东西多少，耗电量是一样的，也有些人觉得放的东西越少就越省电，其实不然。

如果冰箱里放东西过少，热容量就会变小，压缩机开停时间也随之缩短，累计耗电量就会增加。因此，当冰箱里食品过少时，就要想办法增加容量，冰箱内部空间小了，制冷降温就快些，压缩机工作时间就会缩短一些，从而达到省电的目的。

可以在冰箱内放些包装家电用的泡沫。这是因为泡沫不会吸热，可以用来填充。填充时，最好是从最下面的冷冻室开始，而且每层冷冻室里的泡沫不宜放得太多，应留出 1/3 的空间，以达到最佳省电效果。

当然，冰箱内食品的摆放也不宜过多、过挤，特别是方形包装食品更是不能摆满，不要超过冰箱容积的80%，否则也会费电。存入的食品相互之间应留有一定间隙，以利于空气流通，达到更好的制冷效果。

放进冰箱的食物最好用袋装

如果食物不经过包装就放进冰箱，会使食物变干并散发出味道，其中的水分还会很快转化为霜在冰箱内沉积。

在冰箱里放食物要巧用袋装，而且不同的食物有不同的方法：

1.食物体积越大，其内部获取冷量的时间也越长。因此对于大块的食物要先分开，把每一小块都用干净的保鲜袋分开包装再进行冷冻，这样食物可以很快冷冻。一般来说，紧凑的包装，保鲜效果更好。

2.蔬菜、水果等水分较多的食物，应洗净沥干，用保鲜袋包好后再放入冰箱。这样可以减少水分蒸发而加厚霜层，缩短除霜时间，节约电能。

食物冷却后再放进冰箱

热的食物不要直接放进冰箱里，因为热的食物放进冰箱后，会使冰箱内温度急剧上升，同时增加蒸发器表面结霜厚度，导致压缩机工作时间过长，耗电量增加。所以一定要将食物在室温下放凉后，再用保鲜膜包好放入冰箱。

冰箱内食物摆放有学问

新鲜食物放进冰箱里时，一定要把它们摊开。因为如果堆在一起，就会造成食物外冷内热，消耗更多的电量；如果食物放得不是太密，留下空隙利于冷空气循环，食物降温的速度会比较快，可以减少压缩机的运转次数，节约电能。

总之，食物之间、食物与冰箱之间应留有约10毫米以上的空隙。

根据存放的食物设置冰箱调温器按钮

冰箱温控器的旋钮盘面上所标出的1、2、3、4等数字，表示低温的程度。调整好电冰箱调温器旋钮是节电的关键。可根据所存放食物的温度需要和环境温度，转动温控器的旋转盘进行调节，使冰箱内温度达到要求。

1.根据所存放的食物恰当选择箱内温度，如鲜肉、鲜鱼的冷藏温度是 -1℃左右，鸡蛋、牛奶的冷藏温度是3℃左右，蔬菜、水果的冷藏温度是5℃左右。

2.可利用夏季昼夜室内温度变化较大的特点，睡前转到"1"挡，白天再拨回"4"挡，这样做既节电，又延长了冰箱的使用寿命。

冰箱冷冻室温度设定有技巧

冰箱的耗电量和箱内温度有直接关系，箱温越低，耗电量越大。我们可以根据冰箱内存放食品的冷藏要求和贮藏时间，在保证食品质量的前提下，将温度控制器的调节旋钮尽量设在相对较弱的挡位，适当提高箱温，以达到节约用电的目的。

冷冻室的温度设定如果以 -18℃代替常规的 -22℃，既能达到同样的冷冻效果，又可节省30%的耗电量。

不少冰箱是节能的，但是使用方法不对，也达不到节能的效果。通过温控器对冰箱温度进行合理的控制尤为重要。冰箱的温控器挡位有 0~5 挡、0~7 挡及电子版三种，但不管哪种温控器，都要根据季节做挡位的调整，这样才能达到节能省电的目的。

一般的机械版冰箱，只在冷冻室设有 7 挡温控挡，它只负责控制冷冻室的温度，且挡数越高温度越低，耗电量也就越大。而冷藏室的温度不用过多操心，即使是机械版冰箱，也会自动保持在一个合适的温度。对于大多数家用冰箱来说，冷冻室的温度选择 2~3 挡是最合适的，此时冷冻室的温度就可达到 –18℃以下，冷藏室的温度在 4~8℃，既可以起到保鲜的作用，又节能省电。

晚上冻冰块更节电

夏季制作冰块和冷饮最好安排在晚间。因为晚间气温较低，有利于冷凝器散热，而且夜间较少开冰箱门存取食物，压缩机工作时间较短，节约电能。另外，在采取分时电费的地区，晚间每千瓦时电的费用也比较低廉。

肉类避免反复解冻

对于一些块头较大的食物，如肉类，如果没有分开的话，每次食用时都需要把一大块食物从冰箱里取出来解冻，用不完再放回去冷冻。反复解冻、冷冻既浪费电力，又容易对食物产生破坏。为了避免反复这种情况，可以把大块食物根据家庭每次食用的分量分开，再用保鲜袋包装好放进冷冻室，这样每次食用时只需从冰箱里取出一次食用的量就可以了。

冰箱食物巧解冻

在日常生活中，对于冷冻的肉类、鱼类解冻的方法有水泡、自然解冻、微波炉解冻等。现在介绍一种更省电的解冻方法：上班前把当天要吃的食物从冷冻室拿到冷藏室。

因为冷冻食品的冷气可以帮助冷藏室保持温度,减少压缩机的运转,不仅可以解冻,还能达到省电的目的。

冰箱除霜

冰箱冷冻室结霜过厚,制冷效果会减弱,因此应该定期除霜,并清除冷凝器及箱体表面灰尘,以保证蒸发器和冷凝器的吸热与散热性能良好,缩短压缩机工作时间,节约电能。以下3种除霜办法既简便又有效:

1. 热水除霜法。除霜前准备好两个较大的不锈钢盆,里面装满70~80℃的热水,并关上冰箱门。等数分钟后,更换盆内的热水,反复数次,直至冰箱壁上的霜脱落。

2. 电吹风除霜法。先拔掉冰箱电源插头,取出食品,再用电吹风向四周吹热风,1~2分钟即可使霜层融化。然后用干毛巾擦干冰箱壁,将食品放入,5分钟后插上电源。

3. 塑料薄膜除霜法。在冷冻室内结冻面上贴一块稍厚的塑料薄膜,待水气将塑料薄膜黏合在内壁上时,只要将塑料薄膜揭下来抖动一下,霜即可完全脱落。

完成冰箱清洁及除霜后,要先使其干燥,否则又会立即结霜,耗费电能。

此外,可以在每次除完霜后,用一小块棉纱或布头蘸少许食用油涂抹在冷冻室壁面上,这样待下次除霜时就很容易使所结冰霜脱落下来,不致损坏机件,从而解除除霜的烦恼。

适当调低电视机的亮度和音量可省电

把电视机的屏幕亮度调成中等,既省电又可以达到最舒适的视觉效果。一般彩色电视机最亮与最暗时的功耗能相差30~50瓦。将电视屏幕亮度设置为中等亮度,每台电视机每年的节电量约为5.5

千瓦时，相应减排二氧化碳 5.3 千克。如果对全国保有的约 3.5 亿台电视机都采取这一措施，那么全国每年可节电约 19 亿千瓦时，减排二氧化碳 184 万吨。

室内开一盏低瓦数的节能灯，把电视亮度调低一些，收看效果好且不易使眼疲劳。如果是白天看电视，还可以拉上窗帘避光。

同样的道理，电视机的音量也应该尽量小。因为电视耗电量与音量大小成正比，声音越大，耗电越多，每增加 1 瓦的音频功率，要增加 3~4 瓦的功耗，所以只要能听得清楚就可以了。

每天少开半小时电视

每天少开半小时电视，每台电视机每年可节电约 20 千瓦时，相应减排二氧化碳 19.2 千克。如果全国有 1/10 的电视机每天少开半小时，那么全国每年可节电约 7 亿千瓦时，减排二氧化碳 67 万吨。

给电视机盖防尘罩并及时除尘可省电

电视机吸入灰尘会增加电耗，还会影响图像和伴音质量。所以，在看完电视、关闭电源之后，最好给电视机盖上防尘罩。

另外，要定期给电视机除尘。电视机的屏幕由于静电的原因很容易吸附细小的灰尘，除了可以用专门的防静电喷雾剂清理外，也可以用较柔软的布轻轻擦去屏幕上的灰尘，再用脱脂棉球蘸些许酒精，以屏幕中心为圆心，顺时针由里向外旋转擦拭。待酒精挥发后，再通电使用。

记住，电视机在收看的时候，一定要把防尘罩揭开。

不用空调也能使人感觉凉爽

1. 将窗帘换成浅色的，在窗户玻璃外面贴层白纸。

2. 在西晒的窗户上加挂百叶窗，阻挡阳光。

3. 加强屋面和墙体的隔热层。

4. 在墙面周围搞绿化，种上一些白杨或藤蔓植物，在窗台上多放些盆花。

5. 上午 9~10 点至下午 5~6 点，尽可能关闭门窗，拉上窗帘，保存室内原有的低温。

6. 在地面上洒些凉水，利用水蒸发散热。

7. 将墙面涂刷成淡蓝、淡绿的冷色，室内换上蓝色或绿色、小功率的灯具，窗帘、门帘改用质薄、色冷的纺织品。

8. 采用各种方法使室内陈设整齐划一，开阔空间，也会给人以凉爽的感觉。

9. 保持室内卫生和整洁，会使人消除闷热感。

10. 在夜间最低温度较低的情况下，预先进行通风换气，利用建筑物自身的结构蓄冷。这样做不仅节电，还可以保持室内良好的空气质量。

11. 室内通风好时，可以打开窗户，用自然通风代替空调。

选购制冷功率适中的空调

空调制冷功率不足，不仅不能提供足够的制冷效果，而且由于长时间不断地运转，还会缩短空调的使用寿命，增加空调产生故障的可能性。

空调制冷功率过大，就会使恒温器过于频繁地开关，从而导致对空调压缩机的磨损加大，同时也会使空调多耗电。

不要给空调加装稳压器

有的人为了爱惜空调，害怕夏日的电压不稳损害空调，就为空调配备了稳压器。但加装稳压器以后，由于稳压器日夜接通线路，空调即使没有开启，也由于稳压器间接地与线路接通而处在"休眠"状态，这样空调不用时也相当耗电。

改善房屋密闭性，空调更省电

增强房屋的密闭性，可以减少冷气损耗，避免耗费空调资源。

1. 开着空调就不开门窗。开着空调的房间就不要再频频开门开窗了，这样可以减少热空气进入，减轻空调负担。对于有换气功能的空调和窗式空调，在室内空气状况不错、无异味的情况下，就可以不开风门换气，这样也能节省5%~8%的电能。

2. 用胶水纸带封住窗缝。

3. 在玻璃窗外贴一层透明的塑料薄膜。

4. 室内墙壁贴木制板或塑料板。

5. 在墙外涂刷白色涂料。

夏季善用窗帘，空调可省电

夏季，如果家里每天都打开窗帘，则会增加进入室内的热量，严重增加空调的负担，耗电量会增加。如果使用窗帘遮挡，避免日光的直射，可直接节电约5%。

为了降低空调的耗电量，这里还有一个善用窗帘的小窍门：每天早晨起床后把窗户打开，让外面凉爽的空气进入屋内，等到太阳出来以后，立刻关上窗户，拉好窗帘，然后向窗帘喷水，这样可以保持室内一天的温度都不会太高。

巧用空调多节能

1. 空调在刚开机的时候，设置成高冷或高热，以尽快达到调温效果。当温度适宜时，就改成中、低风，既可以减少能耗，也可以降低噪声。

2. 通风开关不要处于常开状态，否则也会增加耗电量。

3. 注意空调不用时，就随手切断电源。

4. 不要频繁开关空调。空调启动瞬间电流较大，频繁开关空调相当费电，且易损坏压缩机。

5. 将空调设置在除湿模式工作，此时即使室温稍高也能令人感觉凉爽，且比制冷模式省电。

6. 善用空调睡眠功能。人体在睡眠时新陈代谢变慢，散发的热量减少，对温度变化不敏感。睡眠功能就是设定在人们入睡一定时间后，空调会自动调高室内温度，因此使用这个功能可以起到 20% 的节电效果。

空调温度设定要合适

不要贪图空调的低温，温度设定适当即可。空调温度过低，不但浪费电，还削弱了人体自动调节体温的能力。国家推荐家用空调夏季设置温度为 26~27℃，冬季设置温度 16~18℃。制冷时室温调高 1℃，制热时室温调低 2℃，均可省电 10% 以上。这降低了室内外温差，减少了人们患感冒的概率。

实践证明，对静坐或轻度劳动的人来说，室温保持在 28~29℃，相对湿度保持在 50%~60%，人体并不感到闷热，也不会出汗。这一温湿度应属于舒适性范围。

如果每台空调在国家提倡的 26℃ 基础上调高 1℃，每年可节电 22 千瓦时，相应减排二氧化碳 21 千克。如果对全国 1.5 亿台空调都采取这一措施，那么每年可节电约 33 亿千瓦时，减排二氧化碳 317 万吨。

选择好空调的出风角度

1. 空调在制冷时，应该把出风门调到向上的位置，在制热时调到向下的位置。空调的出风角度选择得恰到好处，会使空气的温度调节得更快，往往可以取得事半功倍的效果。这是由于冷气流比空气重，容易下沉，而暖气流比空气轻，容易上升。

2. 要保持出风口通畅。不要堆放大件家具阻挡空气流动，增加无谓耗电。

3.不要遮挡室外机的吹风口。如果室外机的吹风口被物品遮挡，冷暖效果降低，会导致极大浪费。

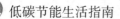定期清洗空调可省电

空调上通风管道的灰尘等污染物堵住通风口，会使制冷效率降低。经清洗，可加大10%的风量，节能4%~5%。因此，空调应在夏季到来前清洗一次。

另外，空调在使用期间，灰尘也会堵塞过滤网网眼，降低使用效果，使空调加倍运转。因此每月至少应清洗一次室内机过滤网，清洗、吹干后再装上，使空调送风通畅，在降低能耗的同时对人体健康也有利。有条件的可以请专业清洁人员定期清洗室内和室外机的换热翅片。

除了简单的过滤网冲洗和蒸发器表面擦拭外，还可以选择一个干燥的晴天，将空调器功能键选在"送风状态"，运转3~4小时，让空调内部湿气散发，然后关机，拔掉电源，用柔软的干布擦净空调外壳污垢，也可用温水擦洗，但千万不要用热水或可燃性化学物质擦洗。

冬天用空调比用取暖器更省电

有些人认为冬季用取暖器比用空调省电。但节能专家却指出这是普遍误区，从节能的角度看，取暖器远不如空调省电。

目前，市场上的电取暖器主要有红外取暖器、热风机、油汀等类型。红外取暖器、热风机的功率一般都在1000瓦左右，采用这种取暖设备，只有照到的地方暖和，而同样功率为1000瓦的空调可以把整个房间温度提高。

取暖器一般用电阻丝发热，耗电量大，且是一个方向传热，3米以外很难感受到热量。而空调在吹出热风的同时，还能吸回冷气，

以此加速房间内空气升温。

在产品的能效比上，取暖器要比空调低很多，尤其是油汀类取暖器，往往要多耗一倍的电才能达到和空调一样的取暖效果。目前不少空调带有节电模式，当室温达到一定程度后会自动调小功率，而取暖器大多不具备这一功能，运行中会一直维持大功率状态。因此开空调取暖更节电，比用取暖器要省电 50% 左右。

出门提前几分钟关空调

夏季，空调房间的温度并不会因为空调关闭而马上升高。在出门前应该提前关空调，最好是离家前 10 分钟即关闭。在这段时间内，室温还足以使人感觉到凉爽。

养成出门提前关空调的习惯，可以节省电能。如果出门前 3 分钟关空调，按每台每年可节电约 5 千瓦时的保守估计，相应可减排二氧化碳 4.8 千克。如果对全国 1.5 亿台空调都采取这一措施，那么每年可节电约 7.5 亿千瓦时，减排二氧化碳 72 万吨。

空调与电风扇配合制冷更省电

空调与电风扇配合使用可提高制冷效果。

1. 开启空调的同时，将风扇放在空调内机下方，使电风扇低速运转。电风扇的吹动能够加速室内冷空气循环，使冷气分布均匀，不需降低设定温度就能达到较好的制冷效果，既舒适，又省电。

2. 当空调开启几小时后关闭，马上开电风扇，特别是晚上使用这个方法，就不必整夜开空调，可省电近 50%。

选购电风扇有讲究

1. 根据需要和使用环境选购。吊扇、壁扇是固定安装式的，落地扇、台扇、转页扇移动方便，送风范围广。

2. 按照房间面积的大小选择不同规格的风扇。电风扇输出风量的大小基本与扇页直径成正比，房间大就选扇页直径大的，房间小就选扇页直径小的。

3.选择规模较大、产品质量和服务质量较好的知名企业的产品。由于这些生产企业对原材料的质量控制较严，生产设备较先进，企业管理水平较高，产品质量也有所保证。

4.选购有 CCC 认证标志的。

5.察看产品的标识是否齐全，正规产品的标识应有企业名称、商标、产品型号规格等。

6.选外观光滑、电镀件或涂漆件无起泡痕迹的。

7.试用电风扇时，不应发出异常声音。

8.选购符合安全要求的电风扇。合格的电风扇，一般大人的手指都不能通过网罩而触及扇叶前缘，有小孩的家庭更应选择网罩密的电风扇。电风扇倾斜 10°角放置不应翻倒。

9.掂量整机的重量，劣质产品的重量比同规格的正规产品轻30%~50%。

10.停机后用手指摸电机前端轴承温升情况，劣质电风扇温升非常明显。

电风扇正确摆放吹风效果更好

1.电风扇应放在室内相对阴凉处，将凉风吹向温度高处。

2.白天宜摆放于屋角，让室内空气流向室外。

3.晚上把风扇移至窗口内侧，将室外空气吹向室内，有助于在房间内形成自然风。人们感觉炎热，也是身体缺氧、缺水的表现，这种自然风能够提供大量新鲜空气，达到降温的目的。

电风扇吹冰块效果赛空调

电风扇也能制造出和空调一样的清凉效果，但是却省电得多。方法是备一深盘，放上 0.5 升左右的小冰块，然后放在电风扇前面。

人们会感觉像开了空调一样，而且空气流通、清新。

电风扇的维护要点

如果电风扇缺油、风叶变形、震动等就会比较费电。所以，电风扇也需要经常维护。要常在油眼中加入数滴机油，既能延缓机器磨损老化，又能节电。

电饭煲选购要点

1.要根据家里人口选购适当容量的电饭煲，避免过大消耗电力。

2.最好选择定热式电饭煲，这种电饭煲比其他保温式电饭煲用电量少。

3.尽量选择功率大的电饭煲。实践证明：煮1千克的饭，500瓦的电饭煲需30分钟，耗电0.25千瓦时，而用700瓦的电饭煲约需20分钟，耗电仅0.23千瓦时。使用功率稍大些的电饭煲，省电又省时。

4.选用节能电饭煲。对同等重量的食品进行加热，节能电饭煲要比普通电饭煲省电约20%，每台每年约省电9千瓦时，相应减排二氧化碳8.65千克。

正确使用电饭煲可节电

1.电饭煲的内锅应与电热盘吻合良好，中间无杂物。

2.煮饭做汤时，只要熟了就切断电源。

3.当电饭煲自动断电时，对自动保温的电饭煲要及时拔掉插头，充分利用余热。如果不拔掉插头，当电饭煲温度低于70℃时会自动启动，既费电又会缩短电饭煲的使用寿命。

4.尽量不用电饭煲烧开水。同样功率的电饭煲和电水壶烧1瓶开水，电水壶只需用5~6分钟，而电饭煲需要20分钟左右。

5.注意保持电热盘的清洁。电饭煲的主要发热部件是电热盘，通电后电热盘把热量传给内锅。电热盘表面只有保持清洁，热传导性能才能保持最佳状态，才能提高功效，节省电能。每次使用后用干净软布擦净电热盘，如有污渍，可用细砂纸轻轻打磨干净。注意清洗电热盘时一定要切断电源。

用电饭煲煮饭省电的窍门

1.提前把米泡一泡。用电饭煲做饭时先把米浸泡30分钟，再通电加热，可以缩短煮熟时间。

2.对于机械板电饭煲，可在米汤沸腾后，将按键抬起断电6~8分钟，利用电热盘的余热将米汤蒸至八成干，再按下按键重新通电，饭熟后自动跳开。开关跳开再闷15分钟后打开锅盖，米饭会更加松软、香糯。

3.用电饭煲煮米饭时，在锅盖上捂一条毛巾，可以减少热量损失，起到一定的保温作用，这样饭就会熟得更快一些。但要注意毛巾不能堵住锅盖的出气孔。

4.在用电饭煲煮稀饭时，可以水一开就关掉电源，盖紧盖子焖10分钟左右，稀饭就可以出锅了，这样既不用防止稀饭溢出又省电。

选择微波炉加工食品更省电

将米倒入微波炉专用的玻璃煮锅里，加入适量清水，盖好盖子，放入微波炉，使用中高火，定时7分钟，米饭就做好了，简单、快捷。

一般电饭煲的功率是900瓦，煮饭用时20分钟，耗电0.3千瓦时。而微波炉的功率是700瓦，煮饭用时7分钟，耗电不到0.08千瓦时，省时又省电。

微波炉加热的省电方法

1.在用微波炉烹调食物时，最常遇到的问题是食物容易变硬、变干。如果希望做出来的美食保持水分，那便需要包上微波炉专用保鲜纸或保鲜膜，或者用盖子盖上食物。这样一来，食物的水分就不会蒸发，味道好，而且加热的时间也会缩短，达到省电的效果。

2.适当加水，微波可提速。微波炉在加热过程中，只会对含水或含脂肪的食物进行加热，因此在加热较干的食物时，可以在食物的表面均匀地涂上一层水，加热前用微波炉专用保鲜膜覆盖或者包好，或装入有盖的耐热玻璃器皿，这样就可以提高加热速度，减少电能消耗。

3.形状规则的食物加热更快、更均匀。用微波炉加热食物时，应将食物切成大小适宜、形状均匀的片或块，再均匀排列，不要堆成一堆，以便使食物能均匀受热。每次加热或烹调的食品以不超过 0.5 千克为宜，最好将食物切成 5 厘米厚以下的小块，小块食物比大块食物熟得更快，更能节约电力。量多时应分时段加热，中间加以搅拌。

控制好微波加热时间更节电

用微波炉加热食物掌握好时间非常重要。如果烹饪过度，就会白白浪费电，还会影响菜肴的味道；如果一次烹饪不足，需要再次加热，就要重复开关次数。微波炉启动时用电量大，实验证实，用 800 瓦微波炉高火一次加热 5 分钟耗电 0.066 千瓦时，如果改成加热 5 次，每次 1 分钟，则耗电 0.08 千瓦时。因此，使用微波炉加热食物时应尽量掌握好时间，减少重复开关次数，做到一次启动烹调完成。

微波炉加热食物的时间与很多因素有关：食物本身温度越高，烹调时间就越短；含水量高的食物，一般容易吸收较多的微波，烹饪时间较含水量低的要短；烹饪浓稠致密的食物较多孔疏松的食物加热所需时间长；夏天加热时间较冬天短。

尽量不要用微波炉解冻食物

微波炉解冻一次食物通常需要5分钟左右，如果是800瓦的微波炉，耗电约0.03千瓦时。为减少解冻食品时开关微波炉的次数，可预先将食品从冰箱冷冻室移入冷藏室，慢慢解冻。

如果未来得及提前解冻食物，需用微波炉解冻时，应掌握正确的方法：

采用微波炉解冻时，先将一只小碟反转放在大而深的碟上，然后把食物放在小碟上再放进微波炉解冻，这样解冻过程中溶解出来的水分便不会弄熟食物。同时在食物解冻过程中，每隔5分钟将食物拿出来，加以翻转及搅动1~2次，以达到均匀解冻的效果。对于小块的肉类，如鸡翅、薄块肉类等，必须平放在碟上才可均匀、快捷地解冻。

电磁炉省电方法

在各类炉具中，电磁炉的燃烧效率是最高的，超过90%，热能浪费较少，而微波炉的燃烧效率是60%左右，液化气灶的燃烧效率不到40%。

如果要把1升25℃的水烧开，电磁炉耗电0.11千瓦时，耗费0.066元（按每千瓦时0.6元计算），而液化气则需耗费0.1元（按每瓶98元计算）。传统炉灶烧开一壶水需要9分多钟，而电磁炉则只需5分钟左右。

目前，市场上有许多种类的电磁炉，功率在800~1800瓦之间，并分有若干挡。功率越大，加热速度越快，但耗电也多。因此选购时应根据用餐人数以及使用情况而定。

使用电磁炉的省电方法有以下几个：

1.为电磁炉配一口合适的锅。使用电磁炉时，一定要选用由导磁性能较好的材料制成的容器，如铁皮锅、铸铁锅、含铁不锈钢锅等含铁量高或是底部是含铁材料的锅。另外，所选购的锅具应是平底的，以锅底面积与电磁炉炉面面积差不多大为好。

2.饭菜做熟即可，不要过度烹调。有的人在做饭时，忙于做其他事，这样不但容易煳锅，还白白浪费大量的电能。

3.尽可能使用高功率。电磁炉的功率挡位和耗电量是成正比的，选择的功率越大，单位时间内耗电量就大。但是，功率高需要的时间短，功率低需要的时间长，而两种功率对同样的食物来说，用电差不多。如用1000瓦的功率烧开一壶水需30分钟，用2000瓦的功率烧开同样一壶水需要15分钟，两者所消耗的电量是一样的。由于低功率费时长，热量散失多，所以高功率还是省电些。

消毒柜节电方法

1.放进消毒柜消毒的餐具必须先洗干净，并将水擦干或沥干，这样既节省消毒时间又省电。

2.餐具在消毒柜中最好竖直放置在搁架上，注意要留有间隙，这样才能缩短消毒时间，降低电能消耗。

3.不同类型的餐具应该分别消毒，即将不耐高温的餐具放进低温消毒室、耐高温的放进高温消毒室。

4.消毒过程中尽量不要打开柜门，以免影响消毒效果，增加耗电量。

5.消毒完毕要及时关闭电源或拔下电源插头。

6.不要把带水的餐具放入消毒柜且又不经常通电，这样会导致电器元件及金属表面受潮氧化，缩短消毒柜使用寿命。

7.消毒柜应放在干燥通风处，离墙距离不宜小于30厘米。

使用饮水机的节电法

饮水机是耗电量大的家电之一。节能环保专家指出：一台饮水机每年待机费电366千瓦时。以此推算，全国饮水机一年待机

就将耗去国家几百亿千瓦时的电。当饮水机将一桶水加热完毕后，让其处于保温—加热—保温这种连续的工作状态 24 小时，功率为 600 瓦的冷热两用饮水机耗电 1.5~1.7 千瓦时，单冷或单热的饮水机耗电 0.75 千瓦时。

饮水机待机不但能耗大，而且反复加热生成的千"滚"水也影响人体健康。所以，饮水机不用时最好断电。

据统计，饮水机每天真正使用的时间约 9 个小时，其他时间基本闲置，近 2/3 的用电量因此被白白浪费掉。在饮水机闲置时关掉电源，每台每年节电约 366 千瓦时，相应减排二氧化碳 351 千克。如果对全国保有的约 4000 万台饮水机都采取这一措施，那么全国每年可节电约 145 亿千瓦时，减排二氧化碳 1405 万吨。

抽油烟机并非功率越大越好

人们对抽油烟机的功率容易误解，认为功率越大就越好。虽然功率大了，风量和风压是大了，吸力也会更好，但功率越大噪声也越大，而且也越费电。因此在选抽油烟机时，应根据其风量、风机功率和噪声进行综合考虑，在达到相同吸净率的前提下，风机功率和风量应该越小越好，既节能省电，又有较好的静音效果。一般功率为 95 瓦的机型，吸力较强、噪音低、清洗简单、可调速，也节省电力。

尽量避免抽油烟机空转

如果每台抽油烟机每天减少空转 10 分钟，1 年可省电 12.2 千瓦时，相应减少二氧化碳排放 11.7 千克。如果对全国保有的 8000 万台抽油烟机都采取这一措施，每年可省电 9.8 亿千瓦时，减排二氧化碳 93.6 万吨。

为了避免抽油烟机空转，应注意以下两点：

1.在厨房做饭时，应合理安排抽油烟机的使用时间，只在有油烟产生时才开启抽油烟机。

2.别把家用抽油烟机当成换气设备使用。

正确清洗抽油烟机可节电

抽油烟机使用一段时间后会附着很多油垢，这时如果没有清洗或清洗方法不得当，可能会造成继续使用时增加耗电量。正确的清洗方法是：

1.不要频繁拆洗抽油烟机。油烟一般是不会进入电机的，频繁拆洗抽油烟机会导致零件变形，从而增加阻力，增加电能消耗，因此建议擦洗表面就可以了。

2.抽油烟机在保养或维修时需先将插头拔掉，以免触电。

3.平日使用后，用干布蘸中性清洁剂擦拭机体外壳。

4.开关及油杯内层易积油的地方，可用保鲜膜覆盖，日后清洗时只要直接撕开更换即可。

5.当集油盘或油杯达八分满时应立即倒掉油污，以免溢出。

6.定期用去污剂清洗扇叶及内壁。清洗扇叶时，不要擦拭风叶，以免风叶变形增加阻力。可在风叶上喷洒清洁剂，让风叶旋转甩干。或者把高压锅内的水烧沸，待有蒸汽不断排出时取下限压阀，打开抽油烟机，将蒸汽水柱对准旋转扇叶，用高热水蒸气不断冲入扇叶等部件，油污水就会循道流入废油杯里，直到油杯里没有油为止。

7.抽油烟机加油网，可过滤污油，减少发电机负荷，还能避免滴油。附有油网的抽油烟机，油网应每半个月以中性清洁剂浸泡清洗一次。待油污浮起，用牙刷刷洗一下就光洁如新了。

8.肥皂液表面涂抹法。将肥皂制成糊状，然后涂抹在叶轮等器件表面，抽油烟机用过一段时间后，用抹布一擦，油污就掉了。

电脑配置合理可节电

1.选择合适的电脑配置可以节电。如显示器的选择要适当，因为显示器越大，消耗的电能越多。一台 17 英寸的显示器比 14 英寸的显示器耗能多 35%。

2.用液晶显示屏代替 CRT 显示屏。液晶显示屏与传统 CRT 显示屏相比，大约节能 50%，每台每年可节电约 20 千瓦时，相应减排二氧化碳 19.2 千克。如果全国保有的约 4000 万台 CRT 屏幕的电脑都被液晶屏幕代替，每年可节电约 8 亿千瓦时，减排二氧化碳 76.9 万吨。

电脑使用节电要点

1.不要频繁启动电脑。电脑每启动一次都要用强电流，耗电较大。而且要关闭不必要的随机启动程序，缩短启动时间，如果是 XP 系统的用户还可在 XP 优化中设置加快开机速度来省电。

2.禁用闲置接口和设备。对于暂时不用的接口，如串口、并口、红外线接口、无线网卡等，可以在 BIOS 或者设备管理器里面禁用它们，从而降低负荷，减少用电量。一般的电脑外部连接设备在不用的状态下，都应该呈关闭状态，如音箱、打印机等。这样一方面可以节约电器在待机时的耗电，一方面也可以保持电压稳定，防止意外停电、断电造成的电流冲击，提高这些外部设备的使用寿命。

打印机在不用时及时断电，每台每年可省电 10 千瓦时，相应减排二氧化碳 9.6 千克。如果对全国保有的约 3000 万台打印机都采取这一措施，那么全国每年可节电约 3 亿千瓦时，减排二氧化碳 28.8 万吨。

3.用电脑时应尽量充分利用硬盘，一方面由于硬盘速度快、不易磨损，另一方面电脑开机后，硬盘就始终保持高速运转，不用也一样耗能。因此，能用硬盘的时候就应尽量充分使用。

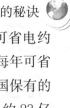

4. 调低电脑屏幕亮度。这样做，每台台式电脑每年可省电约 30 千瓦时，相应减排二氧化碳 29 千克；每台笔记本电脑每年可省电约 15 千瓦时，相应减排二氧化碳 14.5 千克。如果对全国保有的约 7700 万台电脑屏幕都采取这一措施，那么每年可省电约 23 亿千瓦时，减排二氧化碳 220 万吨。而且在做文字处理时，将屏幕调暗些，节能的同时还可以保护视力、减轻眼睛的疲劳度。当电脑在播放音乐等单一音频文件时，可以通过将显示器亮度调到最暗或干脆关闭来节约电能。

5. 充分利用休眠功能。暂时不用电脑时，可以缩短显示器进入休眠模式的时间设定；当天彻底不用电脑时，记得拔掉插头。坚持这样做，每天至少可以节电约 1 千瓦时，还能适当延长电脑的寿命。若经常需要离开，时间为 2~15 分钟的话，开启 3 分钟屏幕保护、5 分钟关闭显示器的功能，这样比较省电，也能保护显示器的寿命。离开 15 分钟以上的话最好使用待机功能，等重新开始用电脑时可以轻松唤醒，也可以使用休眠功能。

6. 长时间不用电脑及时关机。如果暂时不使用电脑时间大于 1 小时，最好彻底关机。正常关机应拔下电源插头或关闭电源接线板上的开关，并逐步养成这种彻底断电的习惯。

定期对电脑清理保养可节电

经常对电脑进行保养，注意防潮、防尘，保持环境清洁，也能起到节能作用。定期清理应从以下几方面做起：

1. 显示器屏幕上的灰尘会影响其亮度，调高亮度就增大耗电量，因此要经常用专用布擦拭。

2. 如果机箱内灰尘过多也会影响电脑散热，所以要注意定时、定期用小毛刷子清除。

3. 清理不仅包括外部的卫生，电脑系统也应定期进行整理，关闭不常用的软件、清理磁盘碎片、优化内部设置等，都可以起

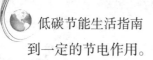

到一定的节电作用。

笔记本电脑的省电窍门

1. 电池使用过程中，应尽量进行完全的充放电。

2. 尽量不使用外接设备。

3. 关闭暂不使用的设备和接口。

4. 关闭屏幕保护程序。

5. 合理选择关机方式，需要立即恢复时采用"待机"、暂停使用选"睡眠"、长时间不用选"关机"。

6. 电池运用时，在 WindowsXP 下，通过 SpeedStep 技术 CPU 自动降频，功耗可降低 40%。

7. 调低屏幕的亮度。

8. 如果不使用无线接收装置，可以先关掉。

9. 尽量避免在很高或很低的温度下使用。

10. 为显示器、硬盘和系统休眠设置待机时间。

笔记本电脑散热节能窍门

绝大部分笔记本的散热窗口都设计在底部，散热就要从底部入手。

1. 使用笔记本的时候，底部用东西垫起来。适当垫高可为笔记本底部带来更好的空气流通，更快地带走热量。要注意在垫高的同时保持笔记本的平稳。

2. 保持环境的通风，空气流通才能保证笔记本的散热良好。

3. 使用散热底座。

4. 空调降温。

打印机节电要点

1. 如果同时有多样文档要打印，一起打印比分次打印更省电。

2.在打印非正式文稿时，可将标准打印模式改为草稿打印模式，省墨又节电。方法是打开打印机的"属性"对话框，单击"打印首选项"，其下就有一个"模式选择"窗口，打开"草稿模式"（有些打印机也称之为"省墨模式"或"经济模式"）即可。这种方法可省墨30%以上，同时可提高打印速度，节约电能。而且打印出来的文稿用于日常的校对或传阅绰绰有余。

3.打印时尽量选用能够看得清的小字号，省墨又节电。

数码相机节电窍门

1.避免频繁使用闪光灯。除非是黑夜和阴雨天，或者是在阴暗的地方，普通白天的光源强度对于一般的数码相机来说是足够的。闪光灯耗电量是最大的，在柯达自动模式还有PASM模式下，都可以将闪光灯关闭（场景模式下除外）。

2.关闭自动变焦。相机里的默认设置是AF连续变焦，可在设置菜单里将连续变焦改为单次。

3.减少在相机上编辑查看图像的次数，而应使用读卡器在电脑上编辑查看图片。如果完全不用相机去编辑查看图片，大概能省下一半的电量。

4.改变图片格式。根据自己的实际需要，将要拍摄的图片尽量调成低存储量的格式。这样相机写盘的速度就会加快，自然也就省电了。

5.关闭LCD屏，用EVF取景器。特别是在电量不多的情况下，更要采用取景器来调整画面构图。对于数码相机来说，LCD屏应该算是最耗电的部件。一般数码相机在关闭LCD屏后可以使用的时间是原来的3倍左右。

6.减少变焦的次数，长焦机镜头的拉近、拉远是很费电的。

7.在设置菜单里关掉一些不必要的开关。

8.尽量少用连拍功能和动态影像短片拍摄功能。因为这些功能的完成是利用机身内置的缓存来暂时保存所拍画面，所耗电量很多。

 数码相机电池的维护

1. 要使用匹配的电池。

2. 对于使用可充电的镍氢电池和锂电池的用户，刚买回来的电池一般电量很低或者无电量，首次充电一定要充足才能达到最佳效果。要使电池达到它的最大电量，一般要反复充放 3 次以上才可以。

3. 锂电池因没有记忆效应，所以千万不要放电，否则只会破坏电池结构，损耗电池的使用寿命。

4. 应该尽量保持相机电池盒内的电池正负极接触点的洁净。

5. 使用碱性电池的用户在用完数码相机后，一定要记得取出电池，以免出现电池流液现象而损坏机器。

手机不要过度充电

有些人习惯晚上睡觉之前将手机放在床头充电，早上起床后才断电，这就容易对手机过度充电。手机的电池如果在充满的情况下继续充电，电池会消耗能量并引起发热或过热影响性能，一些伪劣的电池会因此而发生爆炸。所以，应把握好电池充电的时间，一般来说 540 毫安的锂电池充电 3 小时左右就可以了。电池充满后就应该拔下电源停止充电。

不同手机电池的充电法：

1. 镍镉电池容量小，有记忆效应，需要先放电再充电，而且必须充满，否则对电池性能可能造成永久损坏。

2. 镍氢电池容量较大，基本没有记忆效应，可以随用随充，但是要求最初的 2~3 次充电 8~14 小时，以达到电池的最佳使用性能。

3.锂聚合物电池容量大，没有记忆效应，可以随用随充，最初的充电和正常充电用时一样。

手机节电窍门

1.使用手机的环境温度应合适。手机电池在 -10~50℃之间能正常工作，不在这个温度范围就非常费电。

2.尽量少用振动功能。

3.白天关闭"夜光照明"功能。手机在默认状态下，"夜光照明"功能会自动启动，白天可以关闭该功能。

4.尽量关闭手机按键伴音功能。

5.少用无关紧要的手机功能。手机中的每一项功能都是需要消耗电量的。为了节省有限的电池电量，最好少用那些不太重要的功能，而且在不用手机的时候，最好使背景灯处于关闭状态，这样可节省大量电量。

6.使用数字手机省电模式通话。大部分GSM手机都具备"DTX"非连续性发射，在省电模式下，只要机主不发声，电话就会暂时降低发射电波的功率。据统计，在此模式下最多可以延长通话时间30%~50%。一般手机的省电模式是关闭显示屏或按键的照明，将手机音量调低，关掉背景灯。

7.尽量减少翻盖次数。对于折叠手机应尽量减少翻盖次数，因为反复的翻盖，手机的耗电量会很大。可以采用耳机接听电话。

8.长途旅行时尽量不用手机。这是因为手机正在从一个网络节点移向另一个节点，手机在不断地搜索、连接到新地区的通信网络时，电池的电量也在悄悄溜走，而这时使用手机，电量会消耗更快。

9.尽量不在网络信号极其微弱的地方使用手机。

10.恶劣天气少打手机。在下大雨、刮台风、打响雷这样的恶劣天气下，手机无线通信微波的传输质量将受到影响。此时要确

保通信号正常传输，手机只好加大功率，而加大功率的直接后果就是导致手机耗电量加大。

11. 密闭环境下少打手机。因为手机需要花费更多的功率来确保信号能正常穿透天花板、墙壁或其他遮挡物，从而导致手机耗电量加大。

根据功能选择功率大小适宜的吸尘器

为了节电和方便使用，在选购吸尘器时，应根据功能来选择功率大小适宜的吸尘器。

对于一般化纤地毯、地板、沙发等的清洁吸尘，选择输入功率为 600 瓦左右的吸尘器已足够。而对于羊毛长绒地毯的吸尘，功率要大些，但也不要大于 1000 瓦。因为如果功率大于 1000 瓦，在给地毯吸尘时反而会有推不动吸刷的感觉。

吸尘器使用的节电要点

1. 只有在扫帚或拖把无法有效清理的时候，再使用吸尘器，而且要根据清扫部位的不同来选择适当的功率挡。对于可调速的吸尘器，一般把最大的吸速用于地毯吸尘，其次用于地板吸尘，再次用于床及沙发吸尘，最小的用于窗帘、挂件等吸尘。

2. 启动前，应检查吸尘器的过滤袋框架是否放平，应该关紧的门、搭扣或盖是否关好、搭紧和盖严，检查确认安全无误后才可启用。

3. 使用前，应将被清扫场所中较大的脏物、纸片等除去，以免吸入管内堵塞吸尘器进风口或尘道。

4. 使用时注意不要吸进易燃物、潮湿泥土、金属屑等，以防损坏机器。

5. 使用一段时间后，要彻底清除管内、网罩表面和内层的堵塞物与积尘，这样可减少气流阻力，提高吸尘效率，减少电耗。

如何选购省电电熨斗

要选购调温型的电熨斗，功率为500瓦或700瓦的最好。因为这种电熨斗升温快，达到设定温度后又会自动断电保持恒温，这样就能起到很好的省电作用。

如何熨衣更节电

1. 应该在熨衣前3分钟通电。

2. 如果是使用蒸汽电熨斗，最好往电熨斗里加入热水。

3. 熨衣服时要使用适当的温度。

4. 平时应注意把要熨的衣服集中在一起熨，避免使电熨斗多次加热。

5. 讲究熨衣顺序。通电后可先熨耐温较低的衣物，待温度升高到所需温度时，再熨耐温较高的衣物。断电后，电熨斗还会保持一段时间的热度，这时候还可以再熨一部分耐温较低的衣物。

及时清除电熨斗上的污垢可节电

在熨衣的过程中，由于温度过高或操作不当，会使光洁的熨斗底板粘上污垢，既费电又影响熨衣的效果，应及时清除电熨斗上的污垢，具体的方法有：

1. 在污垢处涂少量牙膏，再用干净的棉布用力擦，污垢即可除去。

2. 电熨斗通电预热至100℃左右后切断电源，用一块浸有食醋的布料在污垢表面上反复擦几次或者在有污垢处涂上少量苏打粉，再用干净的棉布来回擦拭，污垢即可清除。

3. 污垢严重的底板，可用布蘸抛光膏抛光，去除污垢的同时还能保护电镀层。

巧用花型吊灯可省电

把自己家的花型吊灯的灯泡全换成小功率节能型灯，并且装一个分流器，在不需要高亮度时，只开中间的大灯或边上的某一个或两个灯泡，或者只留下中间的大灯并换成中低功率的节能灯，把其他灯泡拿掉。而平时看书报可使用台灯。

巧用铝箔纸可使灯具节电

铝箔纸光滑面有反光功能，可提高亮度。可使用功率较低的节能灯，然后在灯具上粘贴铝箔纸提高亮度，就能间接达到省电的效果。

但要注意铝箔纸不能用在温度高的卤素灯及白炽灯泡灯具上，以免发生危险。

定期擦拭家里的灯具灯管，可避免污染物降低灯具的反射效率，提高室内亮度，也可达到间接省电的目的。

手电筒节电窍门

手电筒不用时，可将后一节电池反转过来放入筒内，以减慢电池自然放电，延长电池使用时间。另外还可避免因电池放电完毕变软，锈蚀手电筒内腔。

电动车省电窍门

1.脚踏启动。具有零启动功能的电动自行车，由于静止启动时电流较大，耗能较多，且易损坏电池，故应先用脚踏骑行，到一定速度再电力加速，切忌原地加速。

2.缓加速。在骑行中，若需加速时，应缓慢旋转调速手把，避免直接加速至最快挡。骑行中应尽量避免频繁刹车、启动。

3.合适的速度。经安全行车测验，时速20公里为电压最优输出，以此速度行驶最省电。

4.根据路况行驶，少走颠簸路。

5.人车配合。电动自行车最经济的使用方法是人助车行，电助人行，人力、电力联动。这样才会人省力、车省电、寿命长。

延长电动车电池使用寿命的窍门

1.严禁存放时亏电。亏电是指电池使用后没有及时充电。在亏电状态存放电池，很容易硫酸盐化，产生硫酸铅结晶物附着在极板上，堵塞了电离子通道，造成充电不足，电池容量下降。亏电状态闲置时间越长，电池损坏越严重。因此，电池闲置不用时，应每月充电一次，这样能较好地保持电池良好状态。

2.正确掌握充电时间。电动车在使用过程中，虽然在亏电时可以用脚踏助力发电，但此举极大损耗电池寿命，所以行车过程中电池电量应处于正常状态。充电时应准确把握时间，可参考平时使用频率及行驶里程情况，再根据电池厂家提供的容量大小说明，以及配套充电器的性能、充电电流的大小等参数把握充电频次。一般情况下蓄电池都在夜间进行充电,平均充电时间在8小时左右。若是浅放电（充电后行驶里程很短），电池很快就会充满，继续充电就会出现过充现象，导致电池失水、发热，降低电池寿命。因此，蓄电池以放电深度为60%~70%时充一次电最佳，实际使用时可折算成骑行里程。

3.避免大电流放电。电动车在起步、上坡、逆风载人时，用脚踏助力，可避免瞬间大电流放电。大电流放电容易产生硫酸铅结晶，从而损害电池极板的物理性能。冬季骑行时，也应尽量采用脚踏助力，这样可避免因低温而出现电池组容量下降、电力不足的现象，也有利于延长电池寿命。

4.定期检查。在使用过程中，如果电动车的续行里程在短时间内突然下降十几公里，则很有可能是电池组中最少有一块电池出现断格、极板软化、极板活性物质脱落等短路现象。此时，应及时到专业电池修复机构进行检查、修复或配组。

5. 防止暴晒。电动车严禁在阳光下暴晒。温度过高会使蓄电池内部压力增加，从而使电池限压阀被迫自动开启，直接后果就是增加电池的失水量。而电池过度失水必然引发电池活性下降，加速极板软化、充电时壳体发热、起鼓、变形等致命损伤。

6. 避免充电时插头发热。充电器输出插头松动、接触面氧化等现象都会导致充电插头发热。发热时间过长会导致充电插头短路，直接损害充电器。所以发现上述情况时，应及时清除氧化物或更换接插件。

如何选购省电吹风机

1. 选择附有安全装置的吹风机。当机体内部温度过高时，其温度开关会自动断电，待机体内部温度降低后，又可恢复正常使用。

2. 选择适当功率的吹风机。不要追求大功率吹风机，家用吹风机主要是吹干头发而不是造型，所以小功率即可。

使用吹风机的节电方法

1. 洗完头发，用毛巾将头发擦干后再使用吹风机。

2. 不要在冷气房内使用吹风机，这样会增加空调的耗电量。

3. 避免异物掉入吹风机内或堵塞吹风机的进出风口。

4. 不定期清理吹风机的进出风口，以免阻碍冷热风的流通，造成机体内部温度过高而导致机件故障。

5. 不要在潮湿的环境里使用吹风机。

五、厨房节能与低碳饮食

天然气和煤已经取代柴草成为我们主要的烹饪取火能源，如何在烹饪时节气、节煤呢？

饮食也要低碳。果蔬所排放的二氧化碳量是肉类食品的 1/9，因此，在饮食方面应提倡多吃蔬菜等低碳食品。

做饭尽可能多用电能

电力能源无论从产生和使用，其能源转换效率都是最高的，也是最洁净的。所以电能与煤、油、汽相比，更节省、更清洁、更安全。

对于电能，要尽可能多使用风力、水力、核能、太阳能发的电。即使是使用城市电网提供的火电，也比单独使用煤炭节能。因为火力发电站是集中使用煤炭，燃烧利用率高，比个人单独使用煤炭更节能。

购置高效节能的燃气灶具

买灶具时要购买知名品牌的灶具，不要图便宜买杂牌灶具。杂牌灶具大多质量不能保证，而且往往故障多，燃烧不充分，会冒黑烟，既浪费燃气又危害人体健康。

如何安置灶具更省气

1.灶具的摆放应尽量避开风口，或加挡风圈，以防止火苗偏出锅底。因为风口流动空气的干扰会增大用气量，而且风直接吹向火焰还会带走很多热量。

2.要调节进风口大小，让燃气充分燃烧。正确的进风口大小可使火焰呈清晰的纯蓝色，燃烧稳定。

3.要合理使用灶具的架子，其高度应使火焰的外焰接触锅底，这样可使燃烧效率达到最高。

4.应按锅底大小调节炉火大小，使火苗以与锅、壶底接触后稍弯，以火苗舔底为宜。

 **给液化气装上节能罩**

一般燃气灶的火焰裸露于空气中，与空气形成对流，导致大量热量向外散发，热效率大大降低，而装上节能罩后，会使火焰更加集中，经过遮火环3次折射反射到锅底，充分利用热量，从而使灶具的热效率显著提高。热效率提高23.05%，则节气量最高可达53.25%、省时最高可达39%。

原来15千克装液化气只能用40天左右，装上节能设备后能用近两个月。里面的液化气能燃烧干净，且燃烧更充分，一氧化碳、氮氧化物等有害气体浓度降低一半以上，对人体健康起到了保障作用。

但要注意对于玻璃面炉具禁止使用节能罩。

选择节能锅具的要点

1.对于不易煮烂的食物用高压锅或无油烟不锈钢锅烧煮会更节能。与其花3个小时小火煲汤，不如用真空焖烧锅、压力锅等节能锅，更省时省电。

2.用相对较薄的铁炊具代替厚重的铸铁锅。

3.直径大的平底锅比圆底锅更省煤气。

尽可能使用底面积较大的锅或壶

如果锅或壶的底面积大，炉灶的火可开得大些，这样锅的受热面积大，同时灶具的工作效率也高。

另外，烧相同量的水，用底面积较大的锅或壶，锅中的水浅些有利热量吸收，对发热、吸热、传热均有利。

压力锅余气可煮熟食物

用压力锅煮饭，不仅能使米饭香软、好吃，还能更好地保留住营养，省时省料省气、电。如果使用压力锅蒸煮粗粮、糙米饭，由于蒸煮的时间较短，可减少米饭中大量的B族维生素流失。同时，由于锅体完全密闭，避免了接触过多的氧气，又减少了因氧化造成的损失。

用压力锅煮食物，沸腾后即可扣上限压阀。若限压阀频频放气，说明火力过猛，可调小火苗，利用余热。

因为压力锅离火后数分钟内锅中仍处于高温高压状态，所以煮的时间可短一些，让其冷却后再开盖，利用余热把食物焖熟。

为了更好地利用压力锅余热，可以利用以下3种压力锅余热器具：

1.压力锅余热蒸具，由蒸碗、盖碗、罩笼组成。蒸碗置于压力锅锅盖上，罩笼罩在蒸碗上，盖碗盖扣在罩笼上。这种蒸具结构简单紧凑，可灵活使用，能充分利用压力锅排出的蒸气热能，并可节省炊事时间。

2.压力锅余热利用器，由盛放加热器皿的盛具与盖子组成。盛具底部向上凸起形成隔离室并与压力锅盖形状相吻合，隔离室外为加热食物的加热空间。使用时置于压力锅盖之上，利用压力锅蒸汽余热来加热熟食，可对熟食保温以及解冻冰冷食物。

3.压力锅笼屉。利用高压锅使用时排出的高温气体来加热和

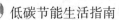

保温食品。带上盖的笼屉套在压力锅锅盖上，笼屉套内的算子上放置需加热和保温的食品。

电压力锅更节能

电压力锅是传统压力锅和电饭煲的升级换代产品，它结合了压力锅和电饭煲的优点，具有其他烹调器具无法比拟的优势。电压力锅采用弹性压力控制，动态密封，外旋盖、位移可调控电开关等新技术、新结构，全密封烹调，压力连续可调，彻底解决了普通压力锅困扰消费者多年的安全隐患。其热效率大于 80%，省时省电，比普通电饭煲节电 30% 以上。

锅底与灶头保持适当距离

使用燃气灶时，要使锅底与灶头保持适当距离。

因为如果灶头与锅底距离太远，就会导致热量散失太多，不能充分利用；相反，如果距离太近，则燃气又不能充分燃烧，也是一种浪费。

要保证液化气的火苗不超过锅底部位，要使焰孔与锅底保持 2~3 厘米的距离，这时加热效果是最好的。

最好几个炉眼同时使用

用液化气做几样饭菜时，最好是一个炉子的几个炉眼同时使用，这样既节省燃料，又节约时间，还可以提高抽油烟机的效率。

在几个炉眼同时使用时，注意锅的种类和大小也要选择适当，要与炉眼大小相匹配，小锅用小炉眼，大锅用大炉眼。

低碳的烹饪方式

烹饪方式多采用凉拌、白灼、清蒸、盐水煮等，不仅节省电、气、煤，减少污染物和废气的排放，做出来的食品也更健康。

煎、炸、炒、烤是不可取的烹饪方式，因为这些烹饪方式会产生许多油烟，还会使食物产生各种致癌物质，不仅污染空气、破坏环境，而且会对人体健康造成极大的危害。

改蒸为焖更低碳

蒸饭所用的时间是焖饭的 3 倍，不但费时，还耗能。因此可以把蒸饭的习惯改为焖饭。能够煮的食物也尽量不用蒸的方法烹饪。

锅擦干净再做饭更省气

为了做饭更省气，要把锅擦干净。

1.及时擦干净铁锅锅底的黑垢，因为这些脏物在加热时会起隔热的作用。

2.在每次做饭或是烧水之前，应该先把锅、壶表面的水渍擦拭干净。这样可以使热能尽快地传到锅内，从而达到节约燃气的目的。

保持厨房通风可节约燃气

厨房通风可使燃气充分燃烧，从而节约燃气。因为每使用 1 立方米的液化气，就需要有 25~30 倍的空气助燃；每使用 1 立方米的天然气则需要 10~12 倍的空气助燃。只有空气流通，才能保证燃烧时有充足的氧气，从而使燃气充分燃烧。

如何判断天然气是否充分燃烧

天然气、煤制气或者液化气燃烧时，如果因进风量不足，就会出现红黄色火苗；如果进风量太大，就会产生"脱火"现象。

判断天然气充分燃烧的标准是火焰呈蓝色透明状，内焰清晰可辨，并发出吱吱的气流声。此时燃烧正常、火力大、省气。

确保燃气能充分燃烧

在保证厨房通风的前提下，为了确保燃气能充分燃烧，要采取如下措施：

1. 可适当调节风门旋钮式调风板，把空气量调节到最佳。

2. 清理炉盘火头上的杂物，检查软管或开关是否正常。

3. 检查锅底的位置是否合适，不要让它压在火焰的内锥上。

4. 设法避免穿堂风直吹火焰。

燃气灶出现红火怎么办

燃气灶出现红火可能是由以下原因引起：

1. 燃气中杂质过多或空气中水分过多。

2. 屋内有粉尘或空气中油气量过多。

3. 风门调节位置不佳。

4. 支锅架表面搪瓷被高温加热颜色发红所致。

总之，出现红火一般不是灶出了问题。如果是风门原因，调节风门即可。其他原因不会影响正常使用，也不会对人体健康产生危害。

燃气灶出现黄色火焰怎么办

有时燃气灶会出现黄色火焰，最常见的原因是周围的空气中存在钠离子，如炒菜加盐的时候因钠离子逸出造成瞬时黄色火焰。另外，也可能是由于燃烧不充分引起的，这时只需要调节风门，增大空气进入量就可解决问题。

脱火时怎么办

脱火是由于燃气压力过高或进风量过大，造成火焰飘离火盖燃烧。

出现脱火时应按以下步骤处理：

1. 先调节风门，将风量调小。

2. 如果是液化气，要检修减压阀；如果是天然气或是煤气，则是管道中压力过高造成，需向供气公司反馈解决。

回火时怎么办

回火是指火焰燃烧到燃烧器内部，甚至风门处，而且常伴有"嗤嗤"的燃烧声音。如不能及时发现并制止，可能造成燃烧灶面或燃烧阀体损坏。

出现回火时，正确的处理步骤是：

1. 观察火孔是否被堵。如果火孔被堵，清理火孔即可。为避免出现这种情况，燃气灶使用一段时间后要及时清理火孔。

2. 检查火盖是否盖上。

3. 风门进风量较大也会造成回火，将风门调小即可。

燃气灶冒黑烟怎么办

发现燃气灶冒黑烟，要检查所使用的气源与燃气灶铭牌上所示的气质类型是否相符。如果相符，可通过调节风门来解决；如果不相符，则需要改换气质，或改换燃气灶。

调整合理的火焰大小

烹饪时，燃气火焰高度标志着火的大小。原则上是用大火比用小火烹调时间短，可以减少热量散失；烹饪食物多用中火，这样更省气。

要做到合理用火，还要注意根据不同的需要调整火的大小。

1. 炖煮汤粥，先用大火烧开，再调成小火，只要保持锅内的汤滚开而又不溢出就行。煎药可用小火，火苗保持在锅底即可。

2. 炒菜时一般用大火，并根据食材和需要适当调整。火焰刚

好布满锅底而又不超过锅底外缘就能达到最佳的烹饪效果，而且要随时调节火门。菜熟时，及时调小火焰不仅能保持菜肴的风味，还能节约大约 1/4 的燃气。

3. 蒸馒头适宜用大火。

4. 烙饼、熬药时要用小火。

5. 烧水时宜用中火。

火焰大小宜根据锅的大小来调整

天然气火焰的外焰温度最高。如果火焰太大，实际上是在用温度最低的内焰，外焰的热量大部分散失。所以做饭炒菜时，火的大小宜根据锅的大小来调整，大锅大火、小锅小火。火焰分布的面积以与锅底相平为最佳。

烧水的时间不要过长

有人认为水烧开的时间越长，消毒效果越好，这完全是认识上的误区。

科学研究证实自来水中含有 13 种对人体具有潜在致癌、致畸和致突变的卤代烃和氯仿等氯化物。而这类有毒物质的含量同水温密切相关：90℃时，卤代烃含量会由原来常温下每升 53 微克上升到 191 微克，氯仿则会由 43.8 微克上升到 177 微克；到 100℃时，两者含量分别下降到 110 微克和 99 微克；继续沸腾 3 分钟，则分别降为 9.2 微克和 8.3 微克。这时的开水才称得上是符合卫生标准的饮用水。

科学实验还证明，自来水煮沸 1~3 分钟，水中亚硝酸盐含量增加十分缓慢，煮沸超过 5 分钟，水中亚硝酸盐含量就会急剧增加。

因此，把自来水烧开 3~5 分钟，亚硝酸盐和氯化物等有害物的含量最低，细菌最少，最适宜饮用。

夏季烧水提前接水可省气

夏季气温高，烧水时提前接水，锅不加盖，让比空气温度低的水与空气进行热交换，等水自然升温到与空气温度相同时，再加盖烧水，可省燃气。

用水壶烧水加水量要适当

用水壶烧水时，水不宜灌得太满，以免水开时溢出，既浪费燃气，又容易扑灭灶火，引发燃气泄漏。

需要注意的是，如果用电水壶烧水，水量一定要超过电阻丝的高度，并看清水位线提示，不要超过最大水位线，以免造成损害。

及时清除水壶内的水垢

普通水壶和电水壶用过一段时间后，壶内都会结水垢。一定要注意及时清理水垢，以提高加热效率，节省燃气或电能，并可延长水壶的使用寿命。

直接把水烧到适宜的温度

烧水时，如果不是为了饮用，不要将水烧开后再对冷水，而是直接把冷水烧到需要的温度，这样做可节省燃气。

因为烧开水时，从水被烧热到烧开这个过程，锅、壶表面因与空气温差大，热量散失较多，况且水越接近沸点，与火焰温差越小，越不利热量吸收，消耗的燃气就越多。

烧热水尽量利用热水器

因热水器的热效率大大高于灶具，如用热水器烧水可比用燃气灶烧水节气 1/3，同时还节省时间。

做饭时要统筹安排

我们做饭时，通常有洗米、煮饭、择菜、洗菜、切菜、炒菜等步骤。如果能统筹安排前后顺序，就能在最短的时间内做好饭，同时也最大限度地节省了气、煤、电。

一般情况下，煮饭的时间长些，可以先洗米煮粥或是焖饭。然后择菜、洗菜、切菜、配菜，并准备好一切调料。

洗菜时也可以安排出先后次序，先洗较干净或者去过皮的菜，用这些水再把带泥的、较脏的菜洗一遍。

切菜、配菜时，应考虑配菜的需要，决定先后顺序，并将切好、配好的菜放在餐具里，以便烹饪方便省时。如炒鸡蛋应先将蛋打好，炒肉应先将肉洗净、切好、腌好、拌好，需要煮、焯、蒸的配菜也应事先准备好。

一切准备好后，再点火，以方便做菜时紧凑衔接，这样既可避免煤气空燃，又可减少炉具的开关次数，减少跑气，还可降低对空气的污染和对电子打火件、灶具开关的磨损。如果没有做好准备工作，做一道菜，再去做下一道菜的洗菜、切菜、配菜等准备工作，就会烧空灶或多次开关，造成热锅变凉、热水变凉、热油变凉，既费时费力，又费气、煤、电。

炒菜顺序巧安排

如果既需要焯多种菜，能用同一锅水焯的就用同一锅水，能放一起焯的就放一起焯，不能放一起焯的，应根据食材特点安排好顺序。另外要注意，焯菜不需要太多水，够用就行。

如果需要蒸多道菜的话，能放在一起蒸的就放在一个大笼里一起蒸。

如果既需要焯菜，又需要蒸菜，可以先焯菜，然后用焯菜的水来蒸菜。

如果既需要焯菜、蒸菜，又需要炒菜，可以先焯后蒸，然后再炒。

如果需要油炸，则先炸，然后用炸过的热油炒菜。

如果需要煮肉，可煮肉以后再炒菜。这样可以用煮肉的高汤炒菜、做汤。

炒菜也应根据食材和各道菜的特点安排出先后顺序。如果有凉菜，先做凉菜。炒菜要集中，熟得快的菜先炒。考虑到素菜放的时间长了影响口味，可以先炒荤菜，后炒素菜。炒素菜也应分出先后次序，比如土豆、瓜类菜可以先炒，然后炒青菜。

总之，只要用心，有经验的朋友一定能根据自己的需要想出更多合理的炒菜顺序。

先泡后煮熟得快

煮之前，先把淘洗好的大米、玉米粒、豆、花生、莲子等较硬的食材洗净浸泡，哪怕提前浸泡10分钟再煮、蒸、焖，都可大大缩短煮熟的时间，同时也节能。

蒸锅加热水别太多

用蒸锅蒸煮食物时，锅里不用放太多水，只要保证食物加热完毕之后蒸锅里还能剩下半碗水即可。如果在蒸锅中放进太多的水，仅仅加热这些水就要用去很多时间，白白浪费了气、煤、电。

巧用多层蒸锅

用多层蒸锅同时蒸多种饭菜，可充分利用热量，达到节能的目的。具体可根据需要蒸的食物做出不同的安排，如在低层熬汤，中层蒸饭，上层蒸排骨、蒸茄子、蒸蛋等。

煮绿豆汤的节能办法

煮绿豆汤等豆类汤时，可先将其浸泡数小时，然后放到电饭

煲里煮至水开后，置于保温状态 5 分钟，再将电饭煲调至加热，如此一两次，汤就做好了。用电饭煲煮要比放在燃气灶上煮节省 1/4 的费用。

炖海带省火的窍门

海带好吃，但如果做的方法不当，就会发硬不易熟烂。炖海带要想省火又省时，只需按以下提示去做就行：先把干海带在清水中泡开，然后上锅蒸半个小时，取出后用碱面搓一遍，再用清水泡两三个小时。

这样做出的海带无论炒、拌、烧汤都脆嫩可口。

油炸花生米省火秘笈

将凉油和花生米同时放入锅内，冷锅起炸，不断搅拌，待油烧热后，关火、翻搅，然后用余热将花生米炸熟。这样炸法容易掌握火候，炸出的花生米受热均匀，酥脆一致，而且外观好看，香味可口。

油炸花生米刚出锅时，洒上少许酒，搅拌均匀，稍凉后再撒上少许食盐，这样即使放上几天也会酥脆如初，不易回潮或糯软。

炖牛肉快速熟烂秘方

1.把大块牛肉先切成小块再下锅，炖肉时加一小撮茶叶，约为泡一壶茶的量即可，用纱布包好同煮。用这种方法，牛肉炖得快、烂，味道鲜美。

2.提前一天在牛肉肉面上涂抹一层干芥末，第二天用凉水把肉冲洗干净再炖。经过这样处理的牛肉，不但容易熟烂，而且肉质更嫩。

3.炖牛肉时放点酒或醋。1 千克牛肉放两三汤匙料酒或一二汤匙醋，肉就会更容易炖烂。

怎样炒牛肉省火又不韧

要想使炒出来的牛肉不韧，首先要注意刀工，切的时候必须顺纹切条，横纹切片，把牛肉的纤维组织破碎。其次要掌握适宜的火候，油温过高也会使牛肉失色、变韧。

炒猪肉片省时省火的窍门

1.切肉有讲究。顺纹切条，横纹切片，把肉的组织破碎，这样肉就会熟得快一些，使炒的时间缩短。

2.先焯后炒。将切好的肉片放在漏勺里，在开水中晃动几下，待肉刚变色时就起水，沥去水分，最后再下炒锅，只需三四分钟就能熟，并且肉质鲜嫩可口。

怎样炖老母鸡省气

1.在杀鸡前先给鸡灌入一汤匙食醋，然后用文火炖就会煮得烂熟。

2.用二三十克黄豆与老母鸡同炖，熟得快且味道鲜。

3.放三四枚山楂，鸡肉也易烂。

煮面条省火窍门

不要等到水沸后再下面条，而是当锅底有小气泡往上冒时就下面条，然后搅动几下，盖锅盖煮沸，再加适量冷水，再盖锅盖煮沸即可。这样不但省火，而且煮出的面条汤清、面筋。

用完气后先拧紧阀门再拧开关

用完气后，如果先关炉灶，再去拧紧气瓶或者管道阀门，这时由于气压的存在，气还会往上跑，不仅浪费，还容易造成漏气，带来安全隐患，所以应先拧紧阀门再拧开关。

如何清洁灶具台

炉灶台面和抽油烟机常会累积油渍，很难清洁，不妨先将厨房纸巾以清洁剂喷湿，再覆盖在上面，等一会儿时间之后清理即可。

至于炉灶的炉嘴、炉架的清理应先将其卸下，以软毛金属刷轻轻擦拭后，再以家用纸巾包裹住，并喷上一些清洁剂，等一会儿即可清洗。

放置液化气瓶注意事项

1. 液化气瓶应放在干燥处。因为潮湿的地方很容易腐蚀金属气瓶，一旦气瓶的某个部位过度腐蚀，局部气压增大就会出现穿孔，轻则漏气，重则带来安全隐患。

2. 气瓶内的压力由瓶的温度所决定，温度越高，压力越大，所以瓶温不能超过40℃。液化气瓶和液化气灶之间的距离，不得小于50厘米，以免靠近灶火把瓶烤炸。液化气钢瓶适宜温度为10~20℃，冬天不能把钢瓶放置到厨房外。

3. 液化气瓶应该放在容易搬动的地方，遇有紧急情况，能很快关闭角阀，搬走气瓶。

4. 液化气瓶必须竖立放好，不准倒置、卧放，以防止液化石油气流入减压器，引起燃烧爆炸。

5. 液化气瓶严禁靠近明火、火墙、暖气片、炉子、蒸汽管等，更不准暴晒、火烤，以防发生爆炸事故。

定期检修灶具防漏气

要注意经常检查灶具及与之相连的胶管，避免发生漏气现象。

检查的重点是：输气管接头是否松动，输气胶管是否有脱落、松动、龟裂等情况，如发现有跑气、漏气，应尽快设法解决。

当怀疑燃气灶漏气时，请按如下步骤进行检查：

1.打开通气阀，使气源畅通。

2.蘸少量浓肥皂水，滴在减压阀与液化气罐连接处，观察有无气泡产生。

3.按照上面方法检查燃气连接软管的接口处是否漏气。

4.如有气泡，表示有漏气，则需请燃气公司人员上门检修。

什么是低碳饮食

低碳饮食的概念是阿特金斯医生在 1972 年撰写的《阿特金斯医生的新饮食革命》首次提出的。低碳饮食就是低碳水化合物，注重严格地限制碳水化合物的消耗量，增加蛋白质和脂肪的摄入量，其强调不吃主食，以果蔬为主，可以有效达到减肥效果，减少疾病。这是站在瘦身、健康的角度提出的饮食方式。

现在随着"低碳生活"概念的深入人心，低碳饮食已经从以往单纯的减肥方法变成了健康环保饮食方式。低碳饮食就是减少碳的排放量，注重多吃素食，减少肉类等食物的摄入。

为什么少荤多素才算是低碳饮食

有研究表明，一个人如果每天吃肉，每年的排碳量是吃素者的两倍。因为在众多饮食中，生产过程中排放碳含量高的食物就是肉类。

肉类的生产、包装、运输和烹饪所消耗的能量比植物性食物要多得多，其在人类引发地球温室效应的所有行为中所占的比重就高达 25%。

而且吃肉的需求会刺激畜牧业与肉食品加工业的发展，动物们又会吃掉大量吸收二氧化碳、放出氧气的植物。一般情况下，成年羊一天的食草量在 5 千克左右，目前全球的羊每天至少要吃掉 75 亿千克的草。放牧的牛群每天食鲜草量约为其体重的10%~14%，若平均体重按 850 千克计算，全球的牛每天至少要吃

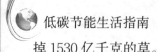

掉 1530 亿千克的草。

动物本身会排出大量的二氧化碳，还要吃掉大量吸收二氧化碳的植物，而动物性食物在生产的过程中又排放大量的二氧化碳，所以少吃动物性食品就是低碳饮食。

低碳饮食应选择哪些食物种类

日常生活中，要减少肉、蛋、奶等动物性食品的采购，增加植物性食品的采购。多选择大豆类、坚果类食物，不但可以多摄入蛋白质，同时还可以更多地摄入有利于健康的 ω-3 系脂肪酸。

虽然代表低碳饮食的素食有利于环境，但营养专家也认为，长期只吃素不吃肉不利于身体健康。因此既环保又健康的饮食方式是建议多吃主食，少荤多素。

对于肉类，可选择粮食转换率较高的鱼肉、禽肉等，如生产 1 千克鸡肉需 2~3 千克粮食，而生产 1 千克猪肉却需要 4~6 千克粮食，所以吃鸡肉对环境造成的压力远小于吃猪肉。

尽可能购买本地的蔬菜和水果

许多人喜欢吃进口水果，但环保主义者不提倡这样做。因为这些昂贵的进口水果在长途运输中会产生大量二氧化碳，制造环境污染。

相同种类的食物，由于产地不同，在生产和运输过程中，所耗费的能量相距甚远。比如进口水果，用飞机运输 1 吨芒果或梨，飞行里程为 1 万公里，排放的二氧化碳量为 3.2 吨。因此，我们要尽可能购买本地的蔬菜和水果，这能减少在产品运输时产生的二氧化碳。

尽可能购买当季的蔬菜和水果

时令果蔬不仅营养价值高，而且对环保有益，是最典型的低碳食品。

种植反季节的蔬菜和水果要采用温室，需要消耗大量的能源。购买当季的蔬菜和水果能减少因温室种植反季节蔬菜和水果而耗费的能源。

当季的蔬菜和水果是在最适宜该物种生长的自然生态下成熟的，最富营养，同时也较少含有各种化学催熟剂，而反季节的蔬菜和水果不仅价格贵，而且营养少，添加的农药、化肥和催熟剂也危害人体健康。

少吃加工类食品

随着生活节奏的加快，人们已经习惯到超市去买加工好的食品。其实这些食品加工过程中要添加许多有损人体健康的食品添加剂，不仅营养价值低，食用后还会产生用于包装的塑料垃圾。这类食品对于健康和环保都会造成很大的危害。

少喝或不喝果汁等饮料

把水果制作成果汁，撇开果汁含量不说，从果实到工厂处理、灌装、运输、销售，这一过程消耗了许多不必要的能源，制造了许多不必要的温室气体排放，其容器还可能是不可降解的，造成污染。因此建议大家直接吃新鲜的水果或自榨果汁。

节约粮食资源

1. 少浪费粮食。在家做饭时，不要做太多，量够吃就好。吃饭时吃多少盛多少，如有剩饭菜，可晾凉后放入冰箱，下一餐及时吃掉。少浪费 0.5 千克粮食（以水稻为例），可节能约 0.18 千克标准煤，相应减排二氧化碳 0.47 千克。如果全国平均每人每年减少粮食浪费 0.5 千克，每年可节能约 24.1 万吨标准煤，减排二氧化碳 61.2 万吨。

2.外出用餐注意不要浪费。餐饮业的浪费是非常惊人的。有业内人士算了一笔账：如果某市餐饮消费总额达 119 亿元，若以餐桌上的平均浪费比例为 10% 计算，一年的餐饮浪费就有 10 多亿元。因此在餐馆用餐时，点菜要适量，吃不完的饭菜打包带回家。

3.路上看到被人丢弃的食物，可以捡起来喂小狗、小猫、小鸟等。

减少畜产品浪费

如果你不想改变肉食的习惯，那么吃肉时也要注意减少畜产品浪费。每人每年少浪费 0.5 千克猪肉，可节约 0.28 千克标准煤，相应减排二氧化碳 0.7 千克。如果全国平均每人每年减少猪肉浪费 0.5 千克，每年可节约 35.3 万吨标准煤，减排二氧化碳 91.1 万吨。

饮酒适量

1.少喝白酒。酒喝多了不但容易造成事故，还非常有害健康，增加环境负担。如果一个人一年少喝 0.5 千克白酒，可节约 0.4 千克标准煤，相应减排二氧化碳 1 千克。

2.夏季不要过度饮用啤酒。啤酒喝多了不但有害健康，而且浪费能源，增加碳排放。因此要改变过度饮用啤酒的习惯，提倡适度饮用。在夏季的 3 个月里平均每月少喝 1 瓶啤酒，一人一年可节约 0.23 千克标准煤，相应减排二氧化碳 0.6 千克。

六、出行的节油技巧

　　汽车消耗的燃油是一种不可再生能源，汽车尾气又会严重污染空气，造成温室效应。据统计，每千辆汽车每天排出一氧化碳约 3000 千克、碳氢化合物 200~400 千克、氮氧化合物 50~150 千克。汽车尾气可谓大气污染的"元凶"。但现代社会的发展已经离不开汽车，那么在出行和用车时就要注意并掌握节油减排的技巧。

选择不需消耗燃油的出行方式

　　每使用 100 升汽油，大约要产生 270 千克的二氧化碳。相比较来说，汽油的消耗所产生的二氧化碳，比其他能源消耗产生的二氧化碳要多得多。在生活中我们可以选择不需消耗燃油的出行方式。

　　1.步行。有许多时候其实可以以步当车，如到不远的超市或菜市场，完全可以步行。

　　2.骑自行车。如果在城市上班，距离为 10 公里之内，骑自行车上下班大概需要 45 分钟。从时间成本上来计算，与公交车相比并无明显劣势。而且骑自行车还可以锻炼身体，节省车费。

　　3.选购电动自行车。如果上班离家较远，可以选购电动自行车。电动自行车时速大约为 20 公里／小时，一次充电能行驶 30~50 公里，较适合城市骑车上班族的需要。电动自行车百公里耗电仅 1 千瓦时左右，而且与以汽油为燃料的小汽车相比，电动自行车能做到行驶零排放，不污染大气，是节能、环保的典范。况且，电动自行车价格多在 1500~2500 元，普通老百姓都能买得起。.

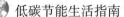 **尽量选择公共交通出行**

交通运输排放的有害气体占地球温室气体排放量的 14%。据统计，北京大气中有 73% 的碳氢化合物、63% 的一氧化碳、37% 的氮氧化物来自于机动车的尾气。如果选择公共交通出行，则可以大大节约燃料，减少有害气体排放。

1.选择公共汽车。车越多，路越堵。多乘坐公交车出行，就能少制造拥堵，而且节能效果相当明显。

按照在市区同样运送 100 名乘客计算，使用公共汽车与使用小轿车相比，前者道路占用长度仅为后者的 1/10，油耗约为后者的 1/6，排放的有害气体更可低至后者的 1/16。

2.乘坐轻轨或地铁。从污染情况来说，如果去 8 公里以外的地方，乘坐轨道交通可比乘汽车减少 1700 克的二氧化碳排放量。从能源消耗来说，每百公里人均能耗，公交车是小汽车的 8.4%、轨道交通是小汽车的 5%，轨道交通单位能耗比公交车节约 30 千焦，比小汽车节约 2131 千焦。

拼车出行

在大城市，出行距离远，步行、骑车不现实，而公交慢、地铁挤，买车、养车又贵，于是出现了拼车族。这种出行方式既方便、省钱，又减少了空气污染。

拼车出行有以下两种方式：

1.拼顺风车。拼车族往往以公司同事、小区邻居为核心，按事先讲好的比例分摊油钱，每人每次或按月付给"车东家"，搭车人坐到了方便车，车主又有"外快"贴补油钱，还可减少汽车尾气的排放，真是一举多得。

2.拼打出租车，就是在出租车站点，与相同目的地或顺路的乘客拼车。也可以把同路线、同时间上班的好友聚在一起，2~4人一起按时段打一辆出租车，平摊费用。

自己上班或出去办事都可以采用以上两种拼车出行方式。如果孩子的学校离家较远，接送不方便的话，也不妨和邻居拼车。

长途时以火车代替飞机

航空业因使用石油化工燃料，被视为全球气候变暖的主要推手之一。乘飞机旅行2000公里，就会排放278千克的二氧化碳。

飞机飞行时产生的二氧化碳人均值是火车的3倍。在800~1000公里的里程内，乘火车的能耗只是乘坐飞机能耗的1/5。

随着高速动车组的投入使用，也使得乘火车的时间成本大大降低。动车组200公里左右的时速，使得1000公里左右的旅程乘火车也只需要5小时左右。而乘飞机加上往返机场、提前安检以及滑跑起降的时间，总时间最短基本也要4小时左右。

乘坐飞机时如何节能环保

如果你选择搭乘飞机出行，在享受航空速度的同时，也应增强节能环保意识。

1.乘坐飞机时，要注意选择新机型和最优线路，这样可以节能减排。

2.乘坐飞机，在登机前先到机场厕所方便一下，在飞机上少上一次厕所，这也是节能。同样是使用抽水马桶，在飞机上耗费的成本就要比地面上贵很多。因为飞机上的抽水马桶冲水时需要耗费相当多的燃油，旅客使用一次抽水马桶，一般耗费约1升燃油。

3.乘坐飞机时应尽可能节约用水、用纸。

汽车节油与哪些因素有关

随着生活水平的提高，很多家庭都有了私家车，在方便生活的同时也应注意节油的问题。汽车节油应从以下几方面做起：

1.根据自己买车的主要目的和经济条件选一款既适用又经济的车。汽车本身油耗的多少取决于发动机的性能、汽车其他总成及整车设计的先进性。经济性是选购车辆时衡量的一项重要指标。

2.掌握正确的驾驶方法。正确的驾驶可以大幅度地降低油耗，据测试，由于驾驶技术水平高低而产生的油耗可相差7%~15%，对于刚学会开车的驾驶员相差竟达20%~40%。同一个驾驶员驾驶同一辆汽车，只要在原来驾驶操作的基础上，稍加改进自己不合理的驾驶方法，就能节油10%。因此，提高驾驶技术、改进操作方法，是最基本的切实可行的节油途径。

3.做好养护工作，使汽车保持良好的状况。

4.学习节油的科学理论知识和技巧。

买一辆省油的车

在自己相中的价格或车型范围内选择一辆省油的汽车。

1.购买汽车时，不要有虚荣、攀比的心理。家用轿车不一定越贵、越豪华就越好，而应以实用为目的，够用就行。选车需要考虑自己的收入水平、家庭成员状况和个性喜好等诸多方面的因素。

2.不要买带太多电动设备的车。因为电动设备不但会增加车身重量，还会增加油耗。

3.小排量汽车比大排量汽车要省油。汽车耗油量通常随排气量上升而增加。排气量为1.3升的车与2.0升的车相比，每年可节油294升，相应减排二氧化碳647千克。

在我国，小排量汽车的概念通常是指排气量在1.0升（含1.0

升）以下的汽车。小排量汽车油耗量基本上在每百公里 6 升以下，与一般排量在 1.4 升以下的家庭经济型轿车相比，每百公里可省 3~4 升油。小排量汽车价格便宜，一般在 8 万元以下，在家庭经济承受范围之内，称得上是最佳的城市用车。

如今在家轿市场上，1.6 升排量一向有"黄金排量"之称，不少车型已经由原来的"刚刚够用"跨入了"动力充沛"的级别，能满足更多消费者的需求。

选购混合动力汽车

混合动力车采用传统的内燃机和电动机作为动力源，通过混合使用热能和电能两套系统开动汽车。混合动力系统的最大特点是油、电发动机的互补工作模式。在起步或低速行驶时，汽车仅依靠电力驱动，此时汽油发动机关闭，车辆的燃油消耗量是零；当车辆行驶速度升高（一般达 40 公里/小时以上）或者需要紧急加速时，汽油发动机和电机同时启动并开始输出动力；在车辆制动时，混合动力系统能将动能转化为电能，并储存在蓄电池中以备下次低速行驶时使用。

混合动力汽车在堵车时的燃油消耗量、尾气排放量等要远远低于仅靠汽、柴油内燃机驱动的车，排放量下降约 80%，可节省燃料 50%。

遗憾的是，混合动力汽车的价格较贵，在日美等发达国家，政府对购买混合动力车都有不菲的补贴，我国相关政策也在研究中。如果能在购买价格上获得补贴，混合动力车倒是一个不错的选择。

选择低碳燃料

对各类燃料在生产、运输、储藏和消费等整个生命周期过程中排放的温室气体量进行计算和加总，然后将这一结果与汽油等传统化石燃料油在其生命周期内的温室气体排放量进行比较，排放量较低的燃料油即为低碳燃料。

生物液体燃料与传统车用燃料相比，可以潜在减少二氧化碳排放。中国已经是世界燃料乙醇的第三大生产国和使用国。燃料乙醇已经在全国9个省的车用燃料市场得以推广和使用。

国际钢铁协会旗下的国际钢铁汽车组织日前公布的一项最新研究报告显示，E85乙醇汽油（即85%乙醇和15%汽油的混合燃料）是当前可供选择的汽车燃料中二氧化碳排放量最低的一种。E85乙醇汽油属于第二代生物乙醇，又被称为纤维素乙醇，是利用麦秆、草、木屑等农林废弃物的纤维素生产而成的。它摆脱了第一代生物乙醇原料过度依赖玉米等粮食作物的弊端，是一款新型的节能燃油。

选择适合自己车的汽油型号

我国按照国家质检总局和国家标准化管理委员会要求，从2010年1月1日起全部使用国3标准车用汽油。

试验表明，汽车的排放、油耗与油品质量密切相关。一定排放标准的汽车，使用相应质量标准的油品，不但更利于汽车机件保护，也可使汽车的工况、排放、油耗达到最佳状态。

汽油的标号只是标定汽油抗爆能力的参数，代表的是辛烷值，简单说就是燃烧产生的动力。它与汽油是否清洁没有必然的联系，并不代表标号越高的汽油，油品就越好。只有使用适合发动机压缩比的标号汽油，才能使发动机达到最佳燃烧状态，降低油耗。

对于高档轿车来说，长期使用低标号汽油，除了会产生爆震，还会产生功率下降、油耗上升、发动机内部零件损坏等问题，严重缩短发动机的正常寿命。相反的，如果一般车使用高标号汽油，由于汽车发动机压缩比系数与汽油抗爆系数不相适应，同样对发动机不好。

一般来说发动机压缩比值在 8 以下的，使用 90 号汽油；压缩比值在 8~9 的，使用 93 号汽油；压缩比值高于 9 的，使用 97 号汽油。至于发动机的压缩比值，可以在汽车的用户手册中查到。

如何选用润滑油可省油

润滑油黏度越低，引擎就越省力，自然也就越省油。汽车的用户手册上一般都有标出本车所能用的最低黏度的润滑油。在选用润滑油时应注意以下几个问题：

1. 选用节能润滑油。节能润滑油能节约 1.1％ ~1.6％ 的燃油。一般润滑油的标识是 APISJ，节能型润滑油的标识是 APISJ／GF-2，节能型润滑油的国际标准标识是 APISM／GF-4、APISL/GF-3、APISJ／GF-2、APISH／GF-1。

2. 轿车润滑油的档次应是 SE 级以上，其品质好、性能稳定，且高温不会裂解。

3. 润滑油只买对的不买贵的。选择润滑油应根据发动机的要求进行选择，要根据车的技术要求和使用条件"量力而行"。使用润滑油的级别和黏度级别，应符合所购车型用户手册上的规定。

因为新的发动机部件之间的配合比较生涩，需要黏度合适的机油。一般来说车子出厂时的机油无需更换，但由于新的发动机磨合初期会产生一些污物，再加上磨合初期发动机机油黏度变化，因此厂商都要求首保时必须更换机油。

选用好的防冻液

防冻液的全称叫防冻冷却液，就是有防冻功能的冷却液。防冻液不仅仅是冬天用的，它是代替水用于汽车全年的冷却。优秀的防冻冷却液可防腐蚀，即对发动机冷却系统具有防腐和除锈功能；沸点较高，在夏季使用时不易开锅；有防水碱的作用。

防冻冷却液的功能要求是比较高的，对汽车与设备有很好的保护作用，所以要选用好的。在选择防冻液时应注意以下问题：

1. 不要把防冻液的颜色作为评价其优劣的标准，因为颜色都是人为添加的。

2. 选择防冻液要根据本地区的气温选择。防冻冷却液的防冻功能主要表现在它的冰点上。水的冰点是 0℃，而防冻冷却液的冰点一般在 -70~75℃之间。一般选择低于本地区最低气温 10℃的防冻液即可。

给汽车加油时应注意哪些问题

1. 最好在早上或晚上加油。因为汽油是以体积而不是以重量计费。汽油会热胀冷缩，早上或晚上加油，汽油密度高，同体积的汽油可以有较多的重量，一箱油可以多跑几十公里。

2. 台风、暴雨天气刚过后不要加油。因为汽油是存放在地下的，时间久了油罐可能存在一定的漏逢。暴雨后，排放不及的雨水有可能渗入油罐。

3. 慎选加油站，尽量在熟悉的加油站加油，以确保汽油的品质与质量。一般中石化和中石油的直属加油站的油品质量有保证，不可轻信那些所谓的低价汽油。同时一定要保存好发票，万一出事，这是唯一的凭证。

4. 加油的量要合适。加油时，不可将油箱加满，特别是气温较高时，只要加到油箱容积的 85%左右即可，以免因受热膨胀后燃油溢出，造成浪费，还可能会损坏发动机或催化转换器。加满油还容易使油挥发至大气中，造成空气污染。

如果车经常在市区内跑，市区行车常常走走停停，加满油箱就会增加车体重量，加重引擎的负荷，起步没力且又使车辆增加耗油。况且市区有很多加油站，随时可以加油。当然，如果加油不方便，每次都要四处找加油站，那还是一次加满为好。

5. 加油后，油箱盖应锁紧，以减少油料蒸发损失并保持油料清洁。

 **关掉车上不必要的电器**

汽车上许多电器化的配备也很耗电。车上所有的电器，包括冷气、车灯、防盗器、测速器、除雾器等，都会让发电机负载量升高。发电机发电量要增加，就得靠引擎带动皮带来发电，当然会让引擎的油耗增加。

如果要省油，就不要在车内使用太多耗电的电器，尤其是雨天，开着音响、打开车灯，再加上雨刷启动，这样是绝对耗电、耗油。

经常清理行李箱

微型车之所以省油，车轻是原因之一。所以为了让汽车省油，就要注意给汽车减负。

汽车行李箱内放一堆不必要的杂物，车子增加了负重，理所当然需要更多的油耗作为代价。汽车若超过额定载重量，每增加1千克的负荷，每公里约增加0.01克的油耗。

所以要想省油，一定要经常清理行李箱。能不载的东西就不载，如季节性和暂时不用的东西要卸下来，把没有用的东西全拿出来。

一些不必要的配备，也可以从车内移走，例如宝宝不搭车时，儿童安全座椅可以拿下车。虽然麻烦一些，但是可以省油，积少成多。

不同的驾驶操作方法对于油耗的影响

实践表明，驾驶水平不同的驾驶员，在同一条道路、载重量与自然条件（如风向、风力及气温）完全相同的情况下，同一辆车行驶时不同的操作方法存在不同的耗油量。

1. 发动机冷却水温比正常温度90℃低10℃，用油增加2.5%。

2. 冷却水温在50℃时驾车行驶，用油增加10%。

3.长时间低于经济车速行驶，用油增加 7%~8%。

4.长时间高于经济车速行驶，用油增加 9%~13%。

5.启动 100 次，用油增加 1.5 升。

6.急加速 1000 次比缓加速 1000 次，用油增加 1.25 升。

7.不采取滑行停车而采用急刹车停车 50 次，用油增加 1.5 升。

8.判断失误停车而重新起步一次，用油增加 50 毫升。

9.调头时每前进和后退 3.5 米，用油增加 50 毫升。

10.停车后大油门轰车 16 次，用油增加 500 毫升。

节油驾驶的基本要求

汽车运行的条件是复杂的，不同的情况要运用不同的方法来达到节油的目的。具体地说包括以下几方面：

1.出车前先做好例行检查。

2.做好发动机的保温和预热工作，最好摇转曲轴后方可启动。

3.启动后应慢转升温，平稳起步，缓慢加速。

4.必须使发动机尽可能经常处在经济转速下运转，保持中速行驶。

5.必须根据道路性质、路面条件的变化，及时准确地换挡。

6.应该适当利用滑行，正确地使用制动器，控制车速。

7.保持发动机的正常温度。

8.保持发动机和底盘状况良好。

9.保持正确的轮胎气压。

10.收车后做好例行保养，及时排除故障。

开车出门购物办事做好计划

如果开车出门购物或者办事时，要先做好计划。

去超市购物时，可以先列个购物单，尽量一次性买齐所需物品，减少去超市的次数，以便节省汽油，同时减少空气污染。

如果出门办事，把要办的事情列出来，争取一次顺利办完。

早出门几分钟

有些车主不到时间不出门，每次出行在路上开快车，不停地加速、刹车，非常耗油。在高速公路上，要根据道路限速、汽缸的大小和汽车当时的状态来决定开多快，一般的四汽缸小车最好不要超过 100 公里／小时。这种汽车如果开到 120 公里／小时，就会多耗油 20%。因此，建议车主出行早出门，轻轻松松驾车，才能轻轻松松省油。

道路性质及路面条件对节油的影响

道路性质及路面条件，即路面材料及平坦性对汽车的行驶阻力、行驶速度、节油及轮胎的磨损均有一定影响。

汽车在良好的道路上行驶，车轮的滚动阻力减小，可以充分利用高速挡行驶，使汽车节油；在崎岖不平的道路上行驶，平均技术速度下降，而且由于速度经常变化，增加了换挡和制动次数，使汽车油耗增加，并加剧离合器摩擦片的损耗和压盘弹簧的疲劳，同时加速了变速器齿轮、制动鼓与制动蹄片的磨损。

汽车在不良道路条件下行驶，还会使发动机汽缸内平均指示压力和单位路程的曲轴转速提高，增加了活塞的摩擦，加剧汽缸磨损。同时，汽车在高低不平的路面上行驶，使零件承受冲击载荷，加剧了行驶部分和轮胎的磨损，行车不稳。以上这些不利因素都将增加油耗。所以，驾驶时应尽可能选择好路、硬路。

计划好行驶路线，不走冤枉路

开车出门前不规划好路线，凭着感觉走，就会走很多冤枉路，白白浪费汽油；或者是想走近路，反被堵在路上，也一样费时费油。走走停停的拥堵路况消耗的汽油要远超过以经济时速行驶时的油耗。因此，开车出发之前一定要规划好行驶线路。

在选择路线时应遵循以下原则：

1.多环路(高架)、少城路，多右转、少左转，多大路、少小路。

2.在时间上尽量避免上、下班高峰时段出行。

3.在路线上尽量避开堵车的路段。

4.选择一条不易堵车且较近的路线，既减少路程、减少油耗，同时也极大地争取时间。

5.选择路况较好的道路行驶，避开烂路、坏路，即使绕一条顺畅的好路，对车况和省油也大有帮助。

6.多留意交通广播，有的城市还可以上网查询路况，平时多注意所经路线的路况。

7.行驶在路上时要注意交通标志的更改，留意修路改道情况。

8.前方有车时，尽量选择紧邻的车道，保持匀速行驶可以省油，也能有效避免追尾。

避免冷车启动

权威的研究成果表明：在汽车启动及热车期间，发动机是处于最脆弱的时候，所受的损害亦最大。有实验证明75％的发动机磨损来自冷车启动。

发动机经过静置，启动时运动阻力大大增加，超过60％的功率都用于克服运动阻力。

汽车启动时，机油仍然停留在机油槽，无法马上运送到发动机各部件。而机油内的抗磨添加剂也必须待发动机达到正常操作温度约70℃以上才能发挥作用。

正常的怠速暖车可以减少磨损，延长发动机的使用寿命。因为低温下，金属会呈现较小的弹性和抗磨性。低温启动发动机后，随即起步走车，发动机输出动力不足，而且低温时，雾化不充分的燃油不能充分燃烧，容易形成积炭，部分汽油没有雾化，会沿缸壁直接流入曲轴箱与机油混合，降低机油品质。只有在工作温度下，发动机才能达到正常的配合间隙，保持最佳工作状态。

一般来说，电喷发动机和化油器发动机在启动后都要怠速暖车，只是时间长短和温度高低不同。

不要"热身"过度

冬季早上开车时，先开动引擎让发动机预热后才上路，这是个好习惯。预热可以让各部件迅速达到最佳状态，有利于降低油耗，还有利于延长和保护发动机的寿命。

但预热也不要过度，过长时间的热车不但没有更多的实际效果，反而会无谓地增加油耗。一般热车30秒左右，只要看到水温表从最低上升到刻度范围内，就可以起步了。

低挡起步柔和开始

汽车起步时最好缓慢些，如果启动时靠大油门来提速，这样不但伤车也会大大增加耗油量。据测算，急速起步10次，约浪费燃料0.12升以上。

汽车启动后应当挂低挡起步，缓缓地踩下油门踏板，缓慢加速。当汽车达到一定挡位速度时，听着发动机的声音来逐步把挡位从低换到高。这样可以减少发动机的升温时间，增加燃油的利用率，节省油耗。

汽车在满载或坡道上起步，最好用1挡，油门适中。空载时用2挡起步后，方可换入3挡。挡位越高冲车距离越长，但冲车时要注意发动机不应有刺耳的轰鸣声。

选择合适挡位可省油

开车时采用低挡高速肯定费油，高挡低速肯定省油。这里的高挡低速的"速"主要指车速，而低挡高速的"速"则主要指发

动机转速。

"高挡低速"是指手动挡车当时的速度低于该挡位速度范围的车速,俗称拖挡(该降挡时拖着不降)。一般来说,高挡行车省油,应尽可能使用高速挡行车,少用中间挡,但不要在高速挡拖挡行驶。要学会听发动机的声音来换挡,并且要了解自己车的情况。当发动机要"发抖"前,就要把挡位降下来,让车速提上去再换回高挡。

正确的做法是用合适的挡位配合相应的车速。一般情况下时速低于 20 公里 / 小时挂 1 或 2 挡,20~50 公里 / 小时挂 3 挡,50~70 公里 / 小时挂 4 挡,70~80 公里 / 小时挂 5 挡。如果有 6 挡,则时速 80 公里 / 小时以上就可以挂入。当然还要根据发动机性能的不同进行相应的调整,上面说的数据仅供参考。

对于大多数车而言,发动机转速必须达到规定转数并保持匀速后才许加挡。老车型的发动机由于技术受局限,普遍设计为低转速发动机,不适应高速状态。而新型发动机普遍采用高转速设计,通常在接近 3000 转 / 分钟时可以达到最佳换挡时机,实现油耗与动力的平衡。

自动挡汽车不要一直用 D 挡

如果你对车辆的操控要求较高,首要的观念是要摒弃用 D 挡开到底的习惯。许多自动挡车型除 D 挡外,还有 3 挡、2 挡、1 挡。市区如果车速无法超过 60 公里 / 小时,可将挡位放在 2 挡或 3 挡;山路则放在 2 挡或 1 挡,跑起来不但有力,而且更加轻快,油耗必然也会较低,还能减少发动机积炭的现象。

上高速或跑环城路时尽量用超速挡。这时不需要发动机制动,打开自动变速器的超速挡开关即可,能提高燃油的经济性。自动挡车切忌空挡滑行和较长时间停车时不摘空挡。

手动型车不要频繁换挡

一些新手由于弄不清挡位和车速的关系，经常会由于挡位不合适而频繁换挡。还有的人喜欢频繁并线，钻来钻去，这个过程中也会出现不必要的换挡。

换挡的过程是松油门、踩离合、挂挡、松离合、加油。这样的一个过程势必会导致动力损失，也就意味着烧掉的一部分油做了无用功，增加油耗是必然的。

什么情况下应及时换挡

车辆在行驶中，应根据道路阻力情况及时选用合适的挡位并调节车速，即做到及时换挡。

及时换挡包括3项内容：

1.在平路或丘陵地带应尽可能用高速挡或直接挡行驶。因为在同样车速下，高速挡比低速挡省油。有实验表明，载重5吨的货车在同样车速时，4挡比3挡省油15％，5挡比4挡省油8％左右。

2.在爬坡中，能用相邻较高一挡时，应及时换入较高挡位。

3."高挡不硬撑"。在陡坡上由较高一挡换入较低一挡时，不要等汽车惯性消失时才换挡，因为这样就等于汽车在陡坡上重新起步，必然费油。

换挡要脚轻手快、准确利索

换挡时脚轻手快、准确利索是一项过硬本领，也是汽车节油的重要经验。

1.脚轻：指脚踏油门要轻而缓慢。轻踏油门关系到化油器节气门的开度大小和发动机增速的快慢，以及化油器各装置的起作用时间，最终影响汽车的油耗量。

轻踩油门能省油，主要是因为一般化油器中都有加速装置和加浓装置，若猛踩油门踏板，加速装置和加浓装置起作用而"额外"供油，致使耗油量增加；若突然抬油门，会因发动机突然降低而起牵阻作用，抵挡一部分行驶惯性，从而使耗油量增加。

2. 手快：指换挡要快而及时。换挡动作快可缩短加速和换挡过程。换挡的时间越短，汽车的动力性能就发挥得越好，就越能节省燃料。

3. 准确：指加空油与摘挡和挂挡之间要准时协调。掌握不好换挡的时机或动作不协调，就容易出现变速齿轮的冲击响声。

4. 利索：就是减少不必要的动作，不要拖泥带水。换挡时出现的多余动作直接影响换挡的时机，如有的驾驶员减挡时习惯在空挡处乱晃，很容易错失换挡时机，有的驾驶员习惯把手一直放在操纵杆上，这些都是不良的习惯，一定要注意克服。

保持经济时速匀速行驶

每种车型都有其最佳的经济时速，按照车辆设计的经济速度驾驶是最节油的，低于或高于这个速度都会徒增油耗。

低速行驶时，活塞的运动速度低，汽油燃烧不完全；高速行驶不必要，车速高时，进气的速度增加导致进气阻力增加，这些都使油耗增加。

1. 弄准你的爱车的经济时速，然后严格控制。

2. 每个车型的发动机都有各自不同的经济转速，学会看发动机工况图，在扭矩峰值与油耗低谷重合的转速区域换挡可以达到提速快、省油的双重效果。

3. 尽管许多汽车厂家的说明书上将 90 公里 / 小时列为经济时速，但实际上汽车保持在 60~80 公里 / 小时的时速才是省油的最理想速度。

4. 保持汽车匀速行驶。匀速行驶可以使燃油得到更加充分的利用，频繁地改变车速会导致燃油消耗，因此要尽量避免突然加速和急刹车。

 不要超速行驶

超速行驶主要是指在高速公路上的超速行驶。

我国高速公路限速一般是 110 公里 / 小时，部分路段允许达到 120 公里 / 小时。但很多人在高速公路上行驶时，都会超过这个速度，既不安全，也不经济。

前面已经提到汽车在经济时速下保持直线匀速行驶的状态是最省油的，如果超过了经济时速，油耗就会大幅度提升，特别是小排量的汽车。因为在高速行驶时，发动机要额外增加喷油量来保持速度，同时高速行驶时风阻也会大大增加，综合在一起就大大增加了油耗。

 与前车保持车距

汽车运行中尾随现象很普遍，处理得当与否和节油关系密切。

尾随前车行驶时，距离越近越受前车控制。前车减速，尾随车就要刹车；前车小刹车，尾随车就要大刹车；两车之间距离越近，刹车的机会越多。踩刹车时，自动挡车挡位会自动下降，车速就得再从低速挡拉上来，静止起步或低速挡起步，引擎就得消耗较高的油量。

与前车保持足够的跟车距离，既可以从容减速，又可以减少制动次数，达到省油的目的，还可以避免发生追尾事故。在路况不是很好的情况下，司机更应确保安全车距。

会车处理得当

车辆在行驶中经常出现会车情况，有两种处理方式：会车先行和会车让行。

会车先行是指与别人会车的时候，自己先行；会车让行是指

与别人会车的时候，让别人先行，自己再行。

到底是会车先行还是会车让行，有会车标志的按会车标志行驶，红色箭头一方让行。

如果本车让行，让道要彻底，使对方来车的驾驶员心中有数，以便顺利通过，缩短会车时间。如果似让不让、让道不让速、让速不让道，都容易造成两车僵持在障碍物旁边，勉强低速通过，甚至停车，这样既不安会，又增加低速挡的使用，必然增加油耗。

尽可能直线行驶来节油

实践证明，弯道行驶会比直线行驶多耗油 25%。这是因为车辆在转弯时因阻力增加会多消耗能量；弯道行驶时不停地加速、不停地刹车时，加速情况下肯定会比匀速行驶油耗高；通过弯道常要加减挡，而每次换挡都会多耗燃油。

为了保证直线行驶，应注意以下几点：

1.不要因路面上的小障碍就左右打方向而增加行驶阻力，延长行驶距离，增加油耗。

2.在行车前要规划清楚，若直行和转弯同样可以到达目的地，就要尽量选择直行。

3.若必须转弯时，入弯之前就应放松油门，将车速逐渐降低至合适速度，并保持稳定，在即将出弯时再逐渐加速恢复原来的速度。

4.在弯道中尽量避免踩制动，如果需要减速，最好利用发动机制动。

5.行驶的过程中不要常常变换车道，不要频繁并线。

起步、停车稳稳当当

起步、停车是驾驶的主要程序，也是节油的关键环节。急起步 10 次，浪费燃料 0.12 升以上；急刹车 1 次，就要多花大约 0.7

元的油。

为了节省燃油，起步、停车应稳稳当当，在驾驶的过程中应注意以下几个方面：

1. 起步时尽量要稳，特别是在遇到红绿灯时更是如此，千万不要与其他的车暗中较劲，比谁起步快。

2. 如果不是出现特别的情况，请不要急刹车。

3. 在交通不畅、等红灯、变换车道时不要见空就抢。在急加速、急停车的过程中会大大增加油耗。加速行驶油耗试验发现，加速行驶的油耗比匀速行驶增加了2~3倍。

减少无故停车

如果开车时总是走走停停，必然要不断地制动、起步、加速等，从而增加油耗，浪费时间。据测定，汽车每启动1次的耗油量相当于行驶约3公里，发动机的磨损相当于行驶约50公里的磨损量；汽车每紧急刹车1次，所消耗的油可行驶约2公里。

为了减少因停车而浪费的燃油，应注意以下两点：

1. 出行前应选准路线，避免走弯路、逆行路和易堵塞的道路。

2. 在行驶中，提前预见情况，尽量保持汽车运行的惯性，利用车速运行情况。不该停时不停，可停可不停的不停。

滞留时间超1分钟就熄火

在排队、堵车或等人时，为了省事，很多车主都保持车辆怠速运转。尤其夏天开空调，更舍不得熄火。

其实，观察一下配备有瞬时油耗显示装置的车辆就知道，当汽车怠速运转时，瞬时油耗也是很高的。节油试验证明，发动机空转3分钟的油耗就可让汽车行驶1公里。

因此如果需要长时间滞留的话，不要保持怠速状态，最好熄火。

当然这也不是倡导大家只要怠速的时候就熄火，这也是不对的。因为行进中的车停下来也是怠速状态，这时候怠速是为了更快速的再次行驶，比如在等红灯的时候就完全没有必要熄火。一般怠速超过 1 分钟可熄火。

不要频繁刹车

刹车对于保证车辆安全固然很重要，但是刹车最大的弊端是增加油耗。车速是靠加油提起来的，如果不刹车会跑得更远，刹车之后就浪费了之前烧掉的油，还得重新加油前进。所以，要恰当地踩刹车，而不要频繁刹车。

预见性制动如何操作可节油

汽车在行驶中，驾驶员对已经发现的行人、道路和交通情况的变化，预计可能出现的复杂情况，或驶近停车地点时提前做好思想上和技术上的准备，有目的地采取减速和停车措施。这些都是预见性制动，操作方法得当可节油。

1.减速。当发现情况后，应先放松加速踏板，减少进入汽缸的可燃混合气，利用发动机制动作用减速，并根据情况间断、缓和地轻踏制动踏板，使汽车减速。这样操作既能保证安全行车，又不会过多耗油。

2.停车。当汽车车速很低时，踏下离合器踏板，同时轻踏制动踏板，将车平稳地停住。

巧选挡位巧刹车

开车下坡时不能空挡滑行，应根据坡度缓急不同选择挡位，这样不用持续制动就能维持安全车速，有利于减少制动器的磨损，还能省下不少燃油。

正确的减速方法是逐级减挡，急刹车时千万不能挂空挡。因为汽车处于空挡状态时，一方面发动机要喷油维持怠速，另一方面空挡刹车是单靠制动器减速，会导致制动效果大打折扣，制动器磨损成倍增加。而挂着挡位刹车，可以通过发动机抑制车速，既安全又减少磨损。

提前正确估计交通信号可节油

交通信号的变化对汽车节油有一定的影响，即通过交通信号变化频繁的交叉路口次数越多，汽车油耗越多。因此，提前正确估计交通信号的变化，有效地控制车速，使汽车行驶到交叉路口时，正好赶上绿灯，不使汽车在交叉路口每次停车或突然制动停车，造成油耗增加，同时还将加剧刹车片的磨损。

遇到前方红灯，要提早放松油门。过路口时提前观察红绿灯的情况，若前方绿灯已过不去或已是红灯，应尽量提前停止加油，巧借引擎剩余的动力滑行前进等待红灯变绿灯，这样可以省油20%。

保持平稳的车速，注意观察交通信号灯进行驾驶，即可将停车的次数减到最少。

什么场合下采用减速滑行可节油

汽车在行驶中需要降低车速，或准备停车时，可以提前放松油门踏板，充分利用汽车的惯性，以滑行代制动，使汽车自然减速，节省燃油。

可以采用减速滑行节油的场合有：

1.在预定停车地点适当距离之前，采用减速准备停车时。

2.前方预见有障碍物需要减速时。

3.在比较平坦的道路上，转弯、过桥、越过铁路岔口，前方有交通管理人员指挥的交叉路口需要减速时。

4.道路不平或交通繁忙地点需要减速时。

什么场合下采用加速滑行可节油

汽车在行驶中，当车速达到一定数值后开始滑行，发挥惯性作用，使汽车继续前进，待车速降到一定的数值时，再加速行进，这种滑行方法称为加速滑行。

在以下场合，可以采用加速滑行节油：

1.有较长、宽直而平坦的路段，坡度一般不超过2%，且视线良好。

2.路线熟悉，制动系可靠，无超车、会车行驶状况。

3.发动机的功率利用率较低，一般在50%以下。

4.滑行时要控制发动机的温度。

但采用加速滑行法节油时，加速后的车速不得过高，一般载重汽车加速不超过45~50公里/小时、小型汽车加速不超过50~55公里/小时，加速滑行时的最低速度一般在30~35公里/小时。

哪些场合可以采用下坡滑行节油

汽车在坡道上，由于汽车的重力在路面水平方向的分力作用，会使汽车速度越来越快。驾驶员利用汽车下坡的推力使汽车滑行，称为下坡滑行。

在以下场合，可以采用下坡滑行节油：

1.丘陵地区波浪起伏和坡度不陡的宽直路段。

2.陡坡接近平路的坡尾路段。

3.坡度小于5%，且长而宽直的坡道。

4.在制动可靠，确保行车安全的情况下，可采用下坡滑行。

汽车在坡道行驶时如何节油

汽车在坡道行驶时，按以下要求操作可以节油：

1.先对坡度的大小、长短做出适当估计，提前加速，充分利用汽车的惯性冲坡。

2.汽车在爬坡时能用相邻的较高一挡，应及时换入。但当换入相邻高挡后行驶距离很短或车速难于保持稳定时，应改用相邻较低一挡。

3.汽车在陡坡上行驶，由较高一挡换入较低一挡时，不要等到汽车的惯性消失时再换挡。否则即使换入低挡也不是该挡的经济车速，严重时相当于汽车在坡道上重新起步，势必造成费油。

4.爬坡时不硬撑，要避免加大油门，勉强爬坡。低速挡不用大油门，因为变速器传动比是固定不变的，依靠大油门提高发动机转速使车稍许加速，这等于大功率低速度，同样是浪费汽油的。正确的方法是：油门只要掌握在动力足够克服上坡阻力即可。同时，避免用低速挡高速爬坡，只有做到"高速挡不硬撑，低速挡不硬冲"才能节油。

倒车时尽量一次通过

汽车倒车时车速低，油耗比前进时大。在行车中应尽量减少倒车次数。确需倒车时，应尽量选择有利地形倒车，尽量一次性通过，避免多次进退倒车而增加耗油。

夏季如何驾车可节油

汽车夏季行驶时，注意以下问题才能节油：

1.夏季天气炎热，应注意发动机冷却水的消耗和补充，并保持冷却系管道畅通，风扇皮带松紧度适当。

2.汽车行驶中，应根据气温和负荷情况保持适当车速，并要注意制动效果。炎热时一定要安排中途休息，以防发动机、轮胎蓄电池过热。

3.发动机的怠速应随外界温度升高而调低，以减少怠速的油耗量。轮胎气压因热而升高时，应停车降温，不得用放气及泼冷水的方法降低轮胎气压和温度。

4.当制动鼓过热时，要停车使其自然冷却或采取缓慢冷却的方法。

5.要勤检查蓄电池。电解液由于高温容易消耗，应及时加足蒸馏水。蓄电池盖的通气孔必须畅通。

恶劣气候怎样降低汽车油耗

气候恶劣，油耗要增加。为了降低气候不好时的油耗，主要应做好如下工作：

1.冰雪道路上驾驶，千万不要高速行驶。因为冰雪道路易发生侧滑，对安全不利。同时，高速行驶使轮胎易产生空转，造成油耗增加。

2.雨天驾驶，因路面积水，高速行驶易产生侧滑。在保证安全行车的情况下，选择经济车速下限行驶较好。

3.顺风行驶，可充分利用风力减速滑行，以降低油耗。

4.逆风行驶，可用小油门稳住车速，不要因风阻大而拼命加速行驶，这样反而会因空气阻力增加而增加油耗。

控制好发动机油门能省油

油门是节油的开关，控制好发动机油门可以有利于保证发动机的正常运转和降低油耗。

1.启动时要用中、小油门。当气温在15℃以上时，启动发动机可以用小油门；当气温在15℃以下时，应先摇转曲轴数圈，再用中油门启动。

2.发动机升温时应采用中、小油门预热，使发动机的温度逐渐升高，润滑油逐步进入摩擦表面。待水温达到40℃以上再起步，水温达到60℃以上再投入负荷运转。

3.加挡时宜缓慢加速。据试验，汽车从起步加速到中等车速(30

公里／小时），采用急加速(25秒)的耗油量大约等于缓慢加速(40~45秒)耗油量的 2 倍。车辆每天起步无数次，节油效果相当可观。

4. 行车中要保持经济车速，这样既省油又安全。而且在汽车运行时骤变油门，易造成机件损坏和发动机积炭。每乱抖一次油门，将白白浪费 10~14 毫升的汽油。

5. 减挡时若采用"一脚离合器"的操作方法换挡，可稳住油门；若采用"两脚离合器"的操作方法换挡，在分离离合器后、减挡前踩一下油门（即加空油），使所换两挡的齿轮转速接近，可减少接合时齿轮的冲撞。

6. 重车冲坡时应将最大油门适当缩小，使汽缸的供油量与因曲轴转速下降引起的进气量减少相匹配，以免发动机因供油量过大而燃烧不完全，而且这样做车辆反而更有劲冲顶。

7. 保养摇车时应当关闭油门，否则喷油器会不停地向汽缸内喷油。过多的燃油进入汽缸，不但浪费油料，而且会造成下次启动困难。同时部分燃油顺着汽缸壁流入油底壳，造成机油变质，进而加速机件的磨损。

8. 停车时间长时应当熄火，因为长时间怠速运转，机温较低，发动机往往燃烧不完全，容易形成积炭，而且会产生电化学腐蚀，缩短发动机的使用寿命。

9. 发动机长时间大负荷运转后或在冬季熄火前，必须让发动机用小油门继续运转 5 分钟左右，待机温逐渐冷却后再熄火，防止机体因骤然降温而引起开裂现象。炎热季节发动机陡然熄火还容易引起"黏缸"事故。

正确使用车上空调可省油

在炎热的夏季驾车时，大部分车主会打开车上的空调。当空调压缩机工作时，功率在 1.5~2.5 千瓦，相对于发动机正常工作的功率 20~30 千瓦，会增加 2%~8% 的燃油消耗。经实际测试表明，在同等行驶速度下，汽车开空调每百公里可增加 2 升多的燃油消耗。

但如果能够巧妙地使用空调的调节功能，不仅可以让空调发挥最佳功效，还可以在一定程度上节省燃油。

1.在怠速下最好不要开空调。怠速时由于发动机功率小，空调功率不变，此时的燃油消耗率特别高。同时，怠速没有迎风作用，空调换热器外环境温度高，压缩机工作的时间会增加，能耗也相应增加。所以当时速低于60公里/小时行驶时，最好关闭空调，开窗自然通风，或者只用空调的通风功能，不制冷，这样空调压缩机就不会运作，从而可以达到省油的目的。

2.上车后不要立即开启空调。如果上车后立即开启空调，不仅制冷效果不好，而且还会增加引擎在初始运转时的压力。应该在车辆启动两三分钟、发动机得到润滑后，再打开空调。如果车内温度极高，可以在上车后先打开车窗，启动空调的外循环，排出热气，再开空调。

3.空调温度不应设得太低。空调增加的燃油消耗主要是因为压缩机工作，当车内温度高于空调设定温度时，空调压缩机才开始工作，而压缩机工作时间的长短又取决于温度差的大小。夏季因为环境温度高，因此要降温的温差较大，压缩机工作的时间就长，耗油也多些。为了减少空调系统的负担，减少油耗，可把温度设定在23℃以上，再通过调节空调控制板上的按钮改变气流方向，选择吹向上身或者足部，使身体表面温度下降得快些。

4.每次停车后应先关闭空调再熄火。有的车主常常在熄火之后才想起关闭空调，这对发动机是有损害的。因为这样做会造成车辆在下次启动时，发动机带着空调的负荷启动，这样的高负荷不但会损伤发动机，而且会增加油耗。

5.别把车厢当成空调卧室。有的车主为图凉快，关紧车门窗，打开空调在车里睡觉，这样做不但会增加空调的运转时间，增加油耗，而且还可能导致汽车尾气中毒。

6.经常清除冷凝器散热片上的灰尘。冷凝器散热片上积有灰尘后，就会影响空调的制冷效果。可以在汽车维修店使用压缩空气将冷凝器吹干净。

在高速状态下车窗少开才省油

有的车主为了节油，在高速行驶状态下关闭空调而打开车窗通风，这是不可取的。

汽车在设计时，其风阻是在关闭车窗的情况下计算出来的。这个条件下汽车表面的流线型最完整，阻力最小。打开车窗则破坏了汽车表面的流线型，阻力增大。当汽车低速行驶时，将车窗打开并不会增加很大的阻力，也不会因此多消耗很多的燃油。但随着车速的增加，空气阻力越来越大，当车速达到85公里/小时，开窗后的风阻消耗就与空调系统消耗的燃油相当。随着车速的进一步增加，开窗后的风阻消耗会大大增加，用来克服空气阻力所需要消耗的燃油也随着车速的提高而大大增加。

因此，为了节省燃油，应做到低速开窗、高速开空调。需要开空调时也要调到适当温度，不要过高或过低，把空气循环系统设定在车内循环挡，在车内温度达到足够时可以暂时关掉空调。

开车时要常看水温表

在汽车行驶过程中，要注意看水温表。发动机的正常水温应保持在80~90℃，如果过高或不足都会使油耗增加。

如果水箱"开锅"，不要立即加水，否则会造成汽缸盖因为突然受冷而开裂。正确的做法是立即停车，让发动机保持怠速空转急速散热，同时打开发动机罩，提高散热速度。待冷却水温度降低后，再将发动机熄火。此时如果冷却水量不足，也应缓缓添加。

及时保养车辆可省油

汽车寿命三分靠修，七分在养。有不少车主买回车后，根本就不仔细阅读汽车保养及维修手册，因此不知道何时该进行各项保养与检测。这不但大大降低车辆寿命，而且还会增加油耗。

以下是汽车按时保养的要点：

1. 依厂方指引定期检查车辆，经常保养车内机械，使车持久如新，也有助于降低油耗。一般每跑 5000 公里或 10000 公里，就要回保养厂做保养。据测试，超过一个二级维护期（多行驶 6000～10000 公里）的车辆，其油耗约比按期维护的车辆高 10% 左右。

2. 如果车子长时间在壅塞的路段行驶，保养周期就得缩短一些。

3. 在出车中要发挥五官的作用，注意听、闻、看车辆有无异响或异味，发现异常尽快排除，带病行车最费油。

4. 注意油、气、水、电的补充，让车子保持最佳状态会比较省油。

5. 使用一些口碑比较好的燃油添加剂，这虽然在一定程度上会增加费用的支出，但能在油耗和发动机寿命上给车主以回报。

6. 使用品质更好、更符合爱车要求的润滑油。

7. 要根据时间表更换润滑油和机油。

8. 要定时更换空气及机油过滤网，如果置之不理都会影响耗油量。空气滤芯不及时更换，导致进气不畅，也就意味着进入发动机汽缸的新鲜空气少，而在喷入的油量不减少的情况下，油肯定不能充分燃烧，不但发动机功率不足，还会大大增加油耗。

9. 每条轮胎都要时常检查，轮胎压力一定要正常，以保持在最佳状态。只要有一个轮胎压力不正常，这个轮胎就会减少使用寿命，而且增加汽车的总耗油量。轮胎压力不足时最耗油，但轮胎压力过大，轮胎就容易跳动。

10. 火花塞要及时更换。火花塞不及时更换，会导致点火能量下降，也会导致汽缸内燃烧不充分，进而增加油耗。

11.定期清除积炭。

12.定期清洗节气门等。

好好保养发动机可省油

发动机作为汽车的心脏，是一个非常关键的部件。不论问题大小，都会降低发动机的效率，浪费汽油。

从理论上讲，结构一定的发动机，采用能够提高发动机动力性能的方法、能够提高发动机启动性能的措施都可以直接或间接地节油。因此，正确使用和保养发动机是非常重要的。

发动机保养的内容包括常规保养和深化保养。常规保养工作主要包括润滑、清洁、检查、补给、紧固、调整等。

1.润滑主要是为了减少机件间的摩擦力，减轻机件的磨损。其主要工作内容包括对机器各部位进行充分的润滑，并适时进行更换和补充。

2.清洁工作是防止机件腐蚀、减轻零部件磨损和降低燃油消耗的基础。其主要工作内容包括对零件外表的护理和对各总成、零部件内外部的清洁。

3.检查是通过对机器的检查，确定零部件的变形和损坏。其主要工作内容是检查汽车各总成和机件的外表、工作情况和连接螺栓的紧度等。

4.紧固是为了使各部件可靠地连接，防止机件松动的保养作业。其工作重点是对受负荷大且经常变化的各种机件的连接部位，以及对各连接螺栓进行必要的紧固和更换。

5.调整工作是保证各总成和部件长期正常工作的关键。其主要工作内容是按照技术要求，恢复总成、部件和仪表的正常配合间隙及工作性能。

6.补给工作是指在汽车保养中，对燃油、润滑油料及特殊工作液体进行加注补充，对蓄电池进行补充充电，对轮胎进行充气作业。

深化保养是近年来新兴的汽车不解体养护先进方法。其主要工作内容是运用先进的免拆清洗净化设备和高科技产品，对汽车各主要总成进行内部的清洗、保护和制止渗漏。这种方法尤其适合于高级轿车的保养作业。

调整和保养汽车行驶系对节油的影响

汽车行驶系的技术状况，对汽车节油有以下影响：

1.车轮毂轴承过紧，将增加车轮旋转时的阻力和摩擦损失，使油耗增加；车轮轮毂轴承过松，又会造成车轮歪斜，行驶摇摆，增加阻力，同时还会造成制动鼓歪斜失正，与制动踏片相碰撞，增加运动阻力，降低汽车滑动性能，增加油耗。

2.前轮定位的准确性，对节油影响很大。如果前轮前束失调，汽车行驶时将造成前轮摆动，滚动中还有滑动，不仅轮胎磨损严重，而且运动阻力增大，增加油耗。

3.轮胎的气压低于标准时，将使轮胎变形量增加，滚动阻力增大，增加油耗。

所以应对汽车行驶系进行定期调整和保养，使其具有良好的滑动性和可靠性，才能保证汽车节油、行驶安全，延长使用寿命。

怎样检查和调整前轮轮毂轴承的松紧度

检查和调整时，应先调整好前轮轮毂轴承间隙，然后将前轮架空，拆下轮毂盖，撬平销紧垫圈，取下销紧螺母及销环，清除油污，清洗轴承，加足新油后装好。其调整步骤如下：

1.用长约400毫米的扳手，将调整螺母拧到最紧，同时向前后两个方向转动轮毂，使轴承滚柱正确位于轴承内外围的锥面上。

2.拧松调整螺母约1/5圈，使调整螺母上的止动销与销环上邻近的孔重合，此时轮毂应自由旋转而无明显的摇摆。

3.装上销紧垫圈与销紧螺母，用扳手将销紧螺母拧至最紧，然后折弯销紧垫圈，加以固定。

前轮轮毂轴承经上述调整后，装上车轮，旋转应静悄无声，圆周各部的轻微阻力均匀。

怎样检查和调整后轮轮毂轴承的松紧度

在装配后轮轮毂轴承前，首先必须检查轴承油封、轴承、后轴管螺纹与螺母等机件的技术状况。后轮轮毂轴承不应有可察觉的轴向松动，转动要自如，无摆动现象。

后轮轮毂轴承松紧度的调整方法如下：

1.将车轮架空，拧下半轴突缘上的固定螺母，抽出半轴，取下调整螺母的固定零件，清除油污，清洗轴承，加足新油后装复。复装顺序是先装轮毂内轴承，再装制动毂与轮毂外轴承。

2.用长约500毫米的扳手旋紧调整螺母，直到轮毂开始刹住为止；同时将轮毂向前、向后两个方向转动，以便使轴承滚柱正确地位于内外圈的圆锥表面上。

3.将调整螺母反方向旋松1/8~1/6，使调整螺母的止动销与销环邻近的孔重合。此时轮毂应自由旋转，不应有明显的摇摆。

4.用扳手将销紧螺母拧至最紧。后轮轮毂轴承经上述调整后，装上车轮，旋转应静悄无声，圆周各部的轻微阻力均匀。

注意轮胎使用要点可省油

1.经常检查轮胎压力。当轮胎亏气的时候，胎冠与地面的接触面积加大，亏气严重时甚至胎壁都会接触到路面，这样大大增加了滚动阻力和行驶阻力，导致油耗的上升。若轮胎压力比规定值低0.5千克/厘米^2，油耗将增加5%。

发现压力不足时及时充气，但要注意轮胎压力过高会增加爆胎的危险，因此要尽量保持在正常胎压值范围内。由于不同地方的胎压表会有差别，因此车主自己最好准备一块胎压表，以便随时检查。

2. 使用子午线轮胎或高压轮胎。汽车在行驶过程中，轮胎的滚动阻力、空气阻力、汽车内部部件之间的摩擦力分别占到全部阻力的 20%、65% 和 15%。由此可知，轮胎的好坏直接关系到是否能够省油。子午线轮胎或高压轮胎滚动阻力小、胎面耐磨性高，随着汽车速度的提高可降低油耗 6%~8%。

3. 不同的车型要配不同的轮胎，不同的用途也要配不同的轮胎。比如说雪地用车，要配用防止打滑的雪地轮胎，或者越野车的宽轮胎，有很好的平稳性。这些轮胎如果用到普通车上就会增加阻力，增加耗油。所以选择轮胎要根据自己车的情况及用途，选择合适的轮胎。

4. 要经常检查轮胎的磨损程度。如果轮胎磨损严重，就会经常出现打滑现象，增加耗油量。

5. 必要时可更换新的轮胎。若车辆行驶时，轮胎因运动而变形，就会不断造成能量损失，这就是产生轮胎滚动阻力的主要原因，占到轮胎全部滚动阻力的 90%~95%。轮胎变形时就要更换新的轮胎。

轮胎大小不宜随便换

有些人喜欢让自己的爱车看上去更酷、更个性，于是在买了车之后首先就把窄轮胎换成了宽轮胎。换成宽轮胎后对车辆的稳定性的确起到了一定的效果，特别是高速行驶时和过弯时。但是换上了宽轮胎后，由于增加了轮胎与地面的接合面积，也就增加了滚动阻力。在低速的时候油耗增加表现不明显，长时间高速行驶就很明显了。

而且轮圈尺寸越大，驱动轴驱动车轮就需要付出更多力气，就好像动手推一扇旋转门靠近轴心的地方，门的半径越大越吃力。车子在行进中每时每刻都会为增大的那一点半径阻力，而多付出燃油。

相反，轮胎变窄的问题也是相应存在的。轮胎变窄后其支撑和刹车效果会降低。

因此，车辆改换轮胎的尺码要适中，大小不宜随便换，要严格按照厂家的规定更换原厂尺寸轮胎。

检修轴承和刹车系统

如果在行驶中或启动时发现车轮有异常响声，应该及时检查轴承及刹车系统是否有故障。如果车轮转动不正常，就会影响车速，使油耗加大；如果轴承坏了，行驶阻力非常大，也增大油耗，所以要及时维修更换。

如果刹车系统该保养的没有保养，很有可能因突发故障而导致刹车失灵。因此，只有经常对刹车系统进行维护和保养，才能保证刹车系统的正常工作，进而保证行驶安全。

1. 及时更换刹车片。通常我们以仪表板上刹车警示灯是否亮起作为该不该换刹车蹄片的判断依据，但这是最后底线，部分车是在刹车蹄片已经完全磨完后警示灯才会亮起，这时刹车片金属底座与刹车碟已经处于铁磨铁的状态，会在车胎靠近轮圈边缘看到晶亮的铁屑。因此，在每次进厂保养时都要检查刹车片是否能用，并提早换掉接近寿命底线的刹车片。

2. 经常养护刹车系统。清洁的、高质量的制动液是刹车系统功况良好的根本，因此应该购买质量好的制动液。如果制动液脏了，要先放掉并且冲净整个系统，然后用新液灌满主油缸。刹车油不要重复使用，所有放掉的制动液都应丢弃掉。

及时更换离合器片

离合器打滑会使发动机的转数丢失。在急加速时发现发动机转速表增加很快，但车速增加却很慢，这时可以判定是离合器打滑了。

这时就需要更换离合器片、离合器压盘和驱轮。

发动机油耗较大的维修要点

如果车辆型号较旧，发动机油耗较大，可以进行一点改动和检查维修。

1.更换高能的点火线。

2.改用高流量的进气过滤装置，提高燃烧效率。

3.检查点火系统工作是否正常，火花塞的间隙是否合适。

4.检查排气管是否存在漏气。

5.检查发动机有无烧机油等故障。

但注意不要对爱车自行改装，这往往会增加发动机的负荷和风阻，如扰流板、防雨罩等会破坏原车设计的风阻，从而增加油耗。

对发动机及其附件各系统定期清理保养可降低油耗

1.清理空气滤清器。如果空气滤清器发生堵塞或积尘过多，就会致使发动机进气不畅，而且大量的灰尘进入汽缸，会加快汽缸积炭速度，使发动机点火不畅，动力不足，车辆的油耗自然就会升高。

2.清洗喷油嘴积炭。因为燃烧室容易产生积炭，而积炭会导致启动困难。喷油嘴积炭也会导致油道堵塞、汽油喷射变形、雾化差，燃油消耗自然也会增大。

3.清除节气门的油泥，一般在行驶1万~2万公里时就应该对节气门进行清洗。节气门处油泥产生的原因是多方面的，有些是燃料燃烧的废气在节气门处形成积炭，有些是没有被空气滤清器过滤的杂质在节气门处残留形成的。油泥多了，进气会产生气阻，从而导致油耗的增加。

怎样清洗发动机积炭

如果感觉汽车的油耗比过去高,就要查找原因,其中发动机内部的不清洁是重要原因之一。

汽车发动机在工作时生成的积炭,不仅会缩短发动机的使用寿命,而且还会影响发动机的正常工作。例如积炭的存在不仅会减少燃烧室的容积,使燃烧过程中出现许多炽热点,引起混合气不正常燃烧,将活塞环黏在活塞环槽中,还会污染发动机润滑系统,堵塞油路和滤清器等。

可用化学方法去除发动机积炭,即使用除炭剂去除发动机零件表面产生的胶状沉积物。化学除炭法有两个显著的特点:一是提高了清洗效率,二是保障了零部件的表面粗糙度。

除炭剂有无机除炭剂和有机除炭剂两种。无机除炭剂是用无机化合物配制的,毒性小,成本低,原料易得,但除炭效果较差;有机除炭剂是用有机物质配制而成的,成本较高,但除炭能力强。多数除炭剂都由溶剂、稀释剂、活性剂、锈蚀剂四种成分组成,在汽车配件商店都可以买到。

对火花塞上的积炭,可以拆下来清除。

保持发动机正常工作温度

发动机的最佳工作温度,经理论计算和长期实践证明,应保持水箱出口的水温在75~85℃(水温表的温度保持在80~90℃),发动机罩下空间的温度保持在30~40℃较为合适。

发动机的工作温度过低,燃料蒸发性差,雾化不好,油滴相对增多,使各缸之间进气不匀,造成混合气偏稀,不易燃烧或使火焰传播速度减慢,还使汽缸内的平均有效压力降低,同时又使缸盖、缸壁的传热损失增大,因而造成费油。

据检测,发动机汽缸内混合气温度为20℃时,汽油的蒸发率为 50％，而在 30℃时，蒸发率可达 75％。而当水箱水温在 40℃时与 80℃时相比，前者比后者费油 10％以上。

发动机的工作温度过高，也存在危害，容易产生不正常的燃烧现象，如爆燃、表面点火；使发动机充气系数变小，影响发动机功率；使零部件受热膨胀，破坏零件之间正常的配合间隙；使机械性能下降；造成润滑油黏度变小，零件之间不能形成油膜，加速发动机磨损，导致发动机需要大修。

防止发动机温度过高的方法：

1. 加足冷却水。

2. 检查节温器是否正常。如果节温器不能按照规定及时打开大活门，必须及时更新；若不能及时更新，可将节温器临时拆除。

3. 行车中要随时注意水温表的指示读数，要求不能超过 95℃。在特殊情况下，为了加强冷却空气的对流，可掀起发动机罩以便于通风散热。

及时清洗化油器

当排气管出现冒黑烟、油耗增大的现象时，需要检查化油器。

如果化油器太脏，可以用清洗剂直接向化油器进气口喷一喷。若此时还冒黑烟，那就要把化油器拆开清洗了。

及时更换火花塞

如果火花塞使用的时间太长，也会出现油耗加大的现象。因为火花塞损坏会使点火的能量下降，车提速减慢，导致汽油消耗明显增加。

发现以上问题应该及时更换火花塞。

检查温控开关和节温器

当车的温控开关和节温器损坏时，会出现油耗增加的现象。

因为温控开关和节温器损坏会使水温降低、化油器不能正常工作，导致汽油雾化不良，油耗量明显增加。

发现以上情况应及时检查温控开关和节温器，并及时维修。

如何通过保养"三滤"省油

"三滤"是指空气滤清器、机油滤清器和汽油滤清器。"三滤"在发动机上对空气、机油和汽油进行过滤，从而对发动机起到保护作用，同时也提高了发动机的工作效率。

1.定期清洁空气滤清器。空气滤清器的作用是净化进入汽缸内的空气，如果加油超过标准或太脏，都会阻碍空气畅通，从而造成燃油消耗增加。试验证明，如燃油太脏、油面太高会增耗燃油 20% 以上。

一般每行驶 5000 公里要清洁一次。清洁时应取出滤芯轻轻拍打端面，用压缩空气由里向外吹，以清除芯上的尘土，切勿用汽油或水洗刷。每次清洁后再涂上一层的油膜，底部的润滑油也要按刻度标准加注。每行驶 25000 公里必须更换空气滤清器。

2.及时更换机油滤清器。目前大多数轿车发动机使用的是旋转式机油滤清器，这种滤清器是一次性不可拆洗的滤清器。当更换润滑油时必须同时更换机油滤清器，否则会影响润滑油的质量。更换机油及机油滤清器的周期一般是 5000 公里。

3.及时更换汽油滤清器。汽油在储运及加注过程中，难免会混入一些杂质和水分，必须将其过滤掉，以保证汽油供给系统正常工作。

目前多数发动机上装的都是一次性不可拆洗的纸质滤芯汽油滤清器，更换周期一般为 10000 公里。滤清器有进出油口箭头标记，更换时切勿装反。

如何维护汽车底盘技术状况完好

经常保持底盘技术状况完好，可有效减少行车中的行驶阻力、减小摩擦损耗、提高传动效率、充分利用发动机输出的有效功率。

理论上，发动机输出的有效功率经传动系传到驱动轮时，部分功率将消耗用来克服传动系中机件的摩擦阻力及其他阻力。这些消耗的功率主要有两方面：一是液力损失（也叫搅油损失），它与所选用润滑油的品质、黏度、温度、油面高度以及回转件的速度有关；二是机械损失（也称机械摩擦损失），指的是齿轮转动、轴承、油封、制动器等机件的摩擦损失，它与所传递的扭矩大小有关。

因此，为了减少传动系统消耗的功率，一要正确选用和加注适当的润滑油，二要提高保养、装配、调整质量，保持底盘各部件的技术状况良好及正确的相互位量和配合公差，从而达到减少摩擦阻力、提高底盘的滑行性能以获得节油的目的。

维护消声器可省油

消声器的维护常常被许多车主忽略。

消声器是为减少噪声而设计的。如果消声器破裂损坏，会进一步阻碍废气的排出，增加油耗。平时如果发现消声器破损等现象应及时更换。

如何对润滑系统进行日常维护

1.检查润滑油油面高度。检查时，应使汽车处于平坦的位置，并在发动机启动前进行。如果是在途中检查，必须使发动机熄火，等待数分钟后，发动机内各润滑表面的机油都流回到油底壳时再进行检查。油面高度不足、低于下限标记时，不许触发动机；油面高度太高时，应及时查明原因予以排除，其原因可能是冷却水或汽油进入曲轴箱内。

2.更换机油。更换机油时，应趁热放出油底壳、粗滤清器、细滤清器中的废机油。若放油螺塞带有磁性，应将所吸附的铁屑清除干净。

3.清洗油道油污。清洗的方法是待废机油放净后，向发动机油底壳内注入稀机油或经过滤清的优质柴油，其数量相当于油底壳标准油面容量的 60%~70%，然后使发动机怠速运转 2~3 分钟，再将洗涤油放净。

如何调整风扇皮带的松紧

风扇和水泵是用风扇皮带（三角皮带）传动的，应特别注意风扇皮带的松紧程度，不能过松或过紧。当风扇皮带过松时，会引起打滑，这将造成水泵的泵水能力降低和风扇的风量不足，使发动机机温过高、功率下降，使油耗增加；当风扇皮带过紧时，会引起水泵轴承、发电机轴承、风扇皮带加速磨损，增加功率消耗，使油耗增加。

风扇皮带的松紧度必须按规定调整。如载重车风扇皮带的松紧度检查，是在风扇皮带的中段加 3~4 千克的压力，风扇皮带被压下的距离为 10~15 毫米。风扇皮带的松紧度可通过调节发动机支架的位置来调整。松开发电机在固定架上的固定螺栓，适当移动发电机使风扇皮带拉紧，然后拧紧固定螺栓，再复检风扇皮带的松紧度是否符合要求。

化油器的调整符合哪些要求可节油

化油器的技术状况对节油影响很大。实践证明，如果化油器调整得当，能大幅度节油。化油器的调整应符合以下要求：

1.启动性能好。如果发动机在正常温度下工作，点火系工作正常，不使用阻风门，不踏加速油门踏板，无论用手摇柄还是启动机，当曲轴旋转数圈后，发动机都能立即启动。

2.启动后能保持怠速稳定运转。

3.发动机水温低时，不能立刻提高转速。但水温达到65℃以上时，转速即可任意提高。

4.无论在任何情况下，只要发动机水温下降到60℃以下时，即感到动力不足，需要微关阻风门。

5.在汽车需要大动力时（如上坡时），拉阻风门，动力就有显著提高。在平路上行驶，正常情况下没有任何动力不足的现象。

纳米添加剂让车更省油

纳米燃油、润滑油添加剂是采用液相纳米技术研发的第四代添加剂产品。

纳米燃油添加剂是把水组装后以纳米尺度的颗粒状态分散到燃油中，让包敷了弹壳的水颗粒作为"水炸弹"起作用。微爆的作用可让燃油更充分地雾化并和空气更充分地混合，让燃油燃烧更充分、更均匀，从而提高燃油的燃烧效率和发动机的机械效率。

纳米润滑油添加剂是通过组装纳米金刚石，让它们热力学稳定地分散到润滑油中，改变了摩擦的性质，变滑动为滚动，减少了摩擦损耗，从而达到车辆健康养护和节省燃油的目的。

七、节约每一滴水

在处理污水、生产自来水和输送自来水的过程中都要耗费大量的电和其他能源，所以节水就是节能。在日常生活中要巧用方法节约每一滴水。

从生活习惯开始节水

节水首先要从生活习惯入手。有了好的节水习惯，家庭节水效果就会非常明显。反之，缺乏节水习惯，浪费的水就会成倍增加。

1.用水时水龙头不要开得太大，够用就行。水龙头开得太大，不但出水速度快，而且水柱粗，大量的水根本没有冲到冲洗物上就白白流走了。

2.用水盆洗、刷牙、取洗手液、抹肥皂时要关掉水龙头。

3.不要用冲水马桶冲烟头和碎屑物，应该把这些垃圾直接丢到垃圾桶。

4.洗土豆、萝卜前应先削皮后清洗。

5.用水时，如需开门、接电话就要先关闭水龙头。

节水要选购质量好的水龙头

选购质量过硬的水龙头是节水的前提。劣质品使用寿命短，也更容易出现跑、冒、滴、漏现象。如果用陶瓷阀芯的水龙头代替老式的铸铁阀门，就可以避免因阀门的磨损而出现以上的问题。

目前市场上的水龙头可分为浴缸龙头、面盆龙头、厨房龙头三类，而每个类别中又可以根据功能、风格、材质和色彩等分成很多小类别。

水龙头外观相差不大，表面封闭性又很好，消费者在选购时很难看到水龙头的内部结构和阀芯的质量情况，要想打开检查又很不容易。那么，如何在不打开水龙头阀芯的情况下选购质量过硬的水龙头呢？

1.看外表的光亮程度，表面越光滑、越亮代表质量越好。

2.好的水龙头在转动把手时，龙头与开关之间没有过度的间隙，而且关开轻松无阻，不打滑。而劣质水龙头不仅间隙大，受阻感也大。

3.好的水龙头是整体浇铸铜，敲打起来声音沉闷。如果声音很脆，那一定是不锈钢的，质量就要差一个档次了。

4.选择正规品牌。一般正规商品均有生产厂家的品牌标识，而一些非正规产品或一些质量次等的产品往往仅粘贴一些纸质的标签，甚至无任何标识，选购时一定要留心。

水压高怎样节水

在水压较高的地区和时段，可以将水开小，采用调整自来水阀门的办法来控制水压，这样便可节约相当的水量。

水龙头用后及时关紧

每次用完水后，要立即关闭水龙头。养成随手关紧水龙头的好习惯，可以避免让水白白浪费。

一个没关紧的水龙头，在一个月内就能漏掉约2吨水，一年就漏掉24吨水，同时产生等量的污水排放。如果全国3.9亿户家庭用水时都能杜绝这一现象，那么每年可节能340万吨标准煤，相应减排二氧化碳868万吨。

在停电停水后，不要将水龙头打开，外出时更应拧紧水龙头，以免因外出而导致家里被水淹，既浪费水，又破坏地板、家具和其他家用物品。

定期查看室内地下水管

地下水管年久后，往往会因锈蚀而发生漏水。简单的检查办法是定期查看水表，在关闭所有用水设备的时候看水表中红色三角指针是否有走动，如在走动就说明漏水，应立即找物业或专业人员维修。

及时维修滴漏水龙头

水龙头使用时间长了，就可能出现漏水现象。要经常检查自来水管和水龙头是否有漏水。

检查方法是关闭家中所有水龙头开关，然后察看水表中红色三角指针。在没有用水情况下，水表指针一直在转动，即表示有某处用水设备在漏水。

如果是水龙头漏水，可以用橡胶片剪一个与原来一样大小的垫圈放进去，就可保证滴水不漏，或者将水龙头拧掉，在里面缠上专用的防水胶带，然后拧好水龙头。如果水龙头已经坏了，通过以上方法不能修好，就要更换新的水龙头。

用节水龙头代替普通水龙头

普通水龙头流出的水是柱流，水量大，喷头流出的水有70% ~80%飞溅，大部分在没有接触被洗涤的物品时就已白白浪费掉。

而节水龙头多是在节水器具上加入特制的芯片和气孔，吸入空气后产生一种压力，并进入柱流中。空气和水充分混合，填补了节省下来的部分水量，相当于把水流膨化后喷射出来。因而在节水的同时，其冲刷力和舒适度是不变的。

用感应节水龙头代替手动水龙头

用感应节水龙头代替手动水龙头可节水 30% 左右，每户每年可因此节能 9.6 千克标准煤，相应减排二氧化碳 24.8 千克。如果全国每年 200 万户家庭更换水龙头时都选用节水龙头，就可节能 2 万吨标准煤，减排二氧化碳 5 万吨。

选择感应节水龙头关键要看开关的反应速度。灵敏的控制开关自然就缩短了水流的时间，节省了水的流量。

现在市场上的自闭式红外感应式水龙头应有尽有。我们可以将家用的全转式水龙头换装成 1/4 转水龙头，这样就会缩短水龙头开闭的时间，也能减少水的流失量。

及时更新节能马桶

为了节水，家庭应选用可选择冲水量或者水箱容量小于 6 升的节水型马桶，来替换容量为 9 升的老式马桶。

安装分式按钮的抽水马桶，按大、小便分别用大、小流量来冲洗马桶，也可节约不少自来水。

马桶水箱漏水检测小窍门

不使用马桶的时候，往马桶的水箱里滴入几滴色素，等待一会儿，如果发现有颜色的水流到马桶里，就证明水箱在漏水，这时候应该立即着手维修。

抽水马桶漏水巧处理

抽水马桶漏水时，可根据不同的情况做出不同的处理：

1.常见原因：封盖泄水口的半球形橡胶盖较轻，水箱泄水后因重力不够，落下时不够严密而引起的，往往需反复多次才能盖严。

解决方法：在连接橡胶盖的连杆上捆绑少许重物，如大螺母、小石块等，注意捆绑物要尽量靠近橡胶盖，这样就比较容易盖严泄水口，漏水问题就解决了。

2.可能原因：马桶水箱里把手连接半球形橡胶盖用的铜丝经常卡住，使橡胶盖掉不下去，不能完全堵死下水管，导致漏水。

解决方法：用既结实又不怕水泡的塑料细绳穿过橡胶盖上的铁环，连在把手摇臂上即可。

马桶水箱偏大如何省水

现在多数居民家中使用的马桶水箱都是6升或9升的，全国城镇常住人口每天用抽水马桶耗水总量不少于1800万立方米。以3口之家每人每天上5次厕所为例，如果用9升水箱的抽水马桶，一个月约用水4吨，占家庭用水量的1/3左右，如果阀门有漏损，能占到家庭用水量的50%以上。由此看来，抽水马桶确实是家庭用水大户。

尽管如此，人们也不可能因费水就不用马桶，所能做的就是如何使用马桶更节水。

1.可以改用水箱小些的马桶。抽水马桶水箱过大往往是造成大用水量的原因。很多抽水马桶的水箱设计都偏大，比如9升甚至9升以上，还有少数家庭使用的是国家已经明令淘汰的13升以上的抽水马桶水箱。事实上，一般6升的水箱已经足够用了。

2.家里马桶水箱过大，但换新的也划不来，那也可以对它进行一些简单的改造来控制水量。具体的做法就是在水箱里放两块砖或者放两个装满水的大的饮料瓶，这样每次冲水时就节省了水量，而冲水效果也不会受到影响。

如何调整水箱浮球来节水

将马桶水箱里的浮球向下调整2厘米，每次冲洗就可节省近3升水。按家庭每天使用4次算，一年下来即可节约水4380升。

用收集的家庭废水冲马桶

现在家庭用水中一般炊事用水（洗菜、炊具、餐具用水）占1/4，洗漱用水（包括洗澡水）占1/4，洗衣用水占1/4，冲厕用水占1/4，如果把前三项的废水有效地收集起来用来冲马桶，那么家里就会减少1/4的用水。

用洗脸水来冲洗马桶可节约用水。浙江苍南一家三口共同发明的用洗脸水冲马桶的专利装置实现家庭每个月节约用水4吨左右。这个装置主要由洗脸盆下水三通阀、二次水过滤器、抽水马桶水箱及其排水阀三大部件组成，通过管道连接成一个系统。连接洗脸盆下水口的下水三通阀，负责收集洗脸水等并通过管道引入过滤器；过滤器一方面将二次水中的头发等杂质过滤，另一方面通过放置于过滤器内的固体化学清洁剂的缓慢释放，使二次水适合冲厕使用；过滤后的二次水通过管道流入具有储蓄两次以上冲厕量的水箱中。该水箱及其排水阀还具有优先储蓄和使用二次水的功能，即当有二次水时不使用自来水，当二次水不足时才启用自来水储备一次需要的冲厕量，并留有空间储蓄二次水。

其实，只要把面盆的下水管掏出来，放入水盆或水桶内，就可以收集洗脸水，或者直接用水盆代替面盆接洗脸水。蓄积起来以后就可以用来冲洗马桶。

用喷头洗澡比用浴缸更省水

用浴缸洗澡是极其耗水的洗浴方式，如果用淋浴代替，每人每次可节水170升，同时减少等量的污水排放，可节能3.1千克标准煤，相应减排二氧化碳8.1千克。如果全国1千万浴缸使用者都能改用淋浴，全国每年就可节能约574万吨标准煤，减排二氧化碳1475万吨。

因此，家庭洗澡应当由盆浴改为淋浴，既卫生又省水。如果配合使用低流量的莲蓬头，节水效果会更好。

另外，多人需要洗澡时，最好一个接一个，中间不要间歇，可节省等待热水流出前的冷水流失量。

洗浴省水注意事项

1.洗澡时，应正确调节冷热水比例。

2.尽可能先从头到脚淋湿一下，就全身涂肥皂搓洗，一次冲洗干净。不要单独洗头、洗上身、洗下身和脚。

3.洗澡要专心，抓紧时间，不要悠然自得，或边聊天边洗澡。

4.不要在洗澡时干其他事情，不要利用洗澡的机会洗衣服、洗鞋子。

5.不要将喷头的水自始至终地开着。

6.洗澡时应避免过长时间的冲淋，搓洗时应关水龙头，以减少不必要的浪费。

7.用浴缸洗浴时放水不要太满,水量至浴缸1/4~1/3就足够用了。

秋冬不必每天都洗澡

进入秋季以后，应减少洗澡次数。

在秋季多风的日子里，人们出汗减少，空气十分干燥。如果洗澡过多，会把人体表面起保护作用的油脂洗掉。皮肤的保护层被破坏后，皮肤更易感染细菌。因此，秋天讲卫生也要适度，不宜过多洗澡，不宜过度清洁皮肤，最好两天洗一次澡。

安装燃气热水器离用水口近一些

如果燃气热水器安装的地方离用水口较远，每次都需要先把管道中的冷水放出才能使用到热水，先排出的冷水就被浪费掉了。因此，燃气热水器安装得离用水口越近越省水。

为了避免洗澡之前放出的冷水产生的浪费，也可以把先排出的冷水接到盆或桶里，备作它用。

刮脸别用流动水

许多人习惯用流动水洗脸、刮脸，认为那样既省事又卫生。其实只要定期清洗面盆，还是用面盆洗脸更节水。

用水杯接水刷牙

许多人习惯边放自来水边刷牙，这样不间断放水30秒，用水量约为6升，而用水杯接水刷牙，用水量仅为0.6升。一家人每天都要刷牙，长期下来会节省不少的水。

半自动洗衣机比全自动洗衣机省水

与全自动洗衣机相比，半自动洗衣机更省水。

半自动洗衣机只有洗涤和甩干的功能，中间漂洗的过程由手工来完成，虽然费了些力气，但是却比全自动洗衣机要省水得多。

全自动洗衣机采用洗涤1次、漂洗2次的标准，至少使用110升水；而半自动洗衣机每次容量大约9升，一缸水能洗几拨衣物，即使再重新注水3次、漂洗3次，也无非就用60升水。所以，要想真正省水，就应该购买一台半自动洗衣机。

另外，用洗衣机洗衣服要比手工洗衣服耗水量多一倍，除非被罩、床单等大件用洗衣机洗，其他小件能用手洗的最好用手洗。

使用滚筒洗衣机如何省水省电

与波轮洗衣机相比，滚筒洗衣机更费电费水。那么，如何才能使滚筒洗衣机既省水、省时、省电、省洗涤剂，又能把衣物洗得干净呢？

1. 根据衣物的质地（棉织品、化纤织品、羊毛羊绒织品等）的不同，选择不同的洗涤程序。

2. 根据衣物脏的程度不同选择不同的洗涤程序。如对于不太脏的衣物选用快速洗涤，可省水、省电、省时间。

3. 自来水温度较高时要选用冷水洗涤。

4. 根据衣物质地选择合适的洗涤水温。

5. 先让洗衣机进水半分钟后断开电源，再放入洗衣粉，再重新接通电源，可提高洗涤剂利用率20％。

6. 加温洗涤可充分激发生物酶的活性，有效减少洗涤剂用量，节约洗涤剂。

7. 根据洗涤衣物多少，投入适量洗涤剂。

8. 比较脏的衣物可以先预洗，再断开电源浸泡几个小时后，接通电源重新洗涤，可使洗涤效果更佳。

9. 洗衣机用完后，要用抹布将内桶各部位擦干净，并使机门微开，可常保机内干净无异味，以避免机内出现污垢反复清洗。

提前浸泡洗衣更省水

洗涤时间可通过织物的种类和衣物脏污的程度来决定。在清洗前对衣物先进行浸泡，可以减少漂洗次数，既省水，又省电、省时。

选择正确的洗涤程序可节水

1. 对于比较脏的衣物，或衣服的袖口、领子等较脏的部位，应先浸泡，或用衣领净、肥皂等预先进行针对性的清洗，这样就可避免为了洗那些较脏部位而增加洗涤程序。预洗时水温升至50~60℃，低水位预洗5分钟，再高水位预洗2分钟，将水排净，然后进行正常主洗程序即可。

2. 控制第一次加洗衣粉洗涤的水量，只要能使衣服在洗衣机内正常翻动即可达到较好的洗涤效果。

3. 每次洗涤后选择脱水，将衣服中的残留成分尽量排除。

4. 根据不同的衣物选择不同的洗衣程序。

5.夏天尽量选用节能程序（简易程序）进行洗衣，这样可以节约 1/3 的水。

根据衣物种类选择不同洗涤剂

正确使用洗涤剂能提高效力，最大限度地发挥洗涤剂的作用，还能节约用水。使用前应先看包装，搞清洗涤剂的类型，并根据包装袋上的说明正确使用。

要避免使用合成洗涤剂，最好选用无磷、无苯、无荧光增白剂的肥皂粉，低磷和低苯的洗衣粉搓洗后一定要漂洗干净。

如何根据衣物种类选择洗涤剂呢？

1.肥皂：碱性较大，去污力强，适合棉、麻及棉麻混纺制品，对污渍严重的衣物也很有效。

2.通用洗衣粉：含碱量小，比较适合纯丝、纯毛、合成纤维及各种混纺织品。

3.一般洗衣粉：碱性适中，适合棉、麻及人造纤维制品。

4.皂片等高级洗涤剂：含碱量较小或中性，适合高档、精细的丝、毛制品。

5.增白洗衣皂或增白洗衣粉：适宜用于夏日衬衫、汗衫的洗涤。

选低泡洗涤剂或适当少放洗涤剂

大多数洗涤剂都是化学产品。洗涤剂含量大的废水大量排放到江河里，会使水质恶化。洗涤剂残留在衣服上，会刺激皮肤发生过敏性皮炎。长期使用浓度较高的洗涤剂，其中的致癌物就会从皮肤、口腔处进入人体内，损害健康。

为节水节电，避免洗涤剂的危害，应选择使用低泡洗涤剂或适当少放洗涤剂。

1.选低泡洗涤剂。低泡洗涤剂并不会因为泡沫量少就洗不干净，反而因为它在洗涤过程中产生的泡沫少，清除泡沫就快，这样可减少漂洗次数，既省水又省电。

2.适当少放洗涤剂。如果清洗夏天的衣服，或是衣物并不很脏的时候，应适当少放洗涤剂，也可以减少漂洗次数，既省水又省电，还能保证衣物不受更大磨损。

洗涤剂用量和洗衣量要搭配

洗衣服前放洗涤剂时，其用量一定要和洗衣量搭配，衣物多就多放些、衣物少就少放些，衣物脏就多放些、衣物不太脏就少放些。

洗衣服时过多投放洗涤剂，势必增加漂洗难度和次数。洗涤剂的投放量（即洗衣机在恰当水位时水中含洗涤剂的浓度）应掌握好，这是漂洗过程的关键，也是节水、节电的关键。

以额定洗衣量2千克的洗衣机为例，低水位、低泡型洗衣粉，洗衣量少时约需40克，高水位时约需50克。按用量计算，最佳的洗涤浓度为0.1%~0.3%，此浓度的溶液表面活性最大，去污效果较佳。

目前，市场上洗涤剂品种较多，功能各异，可以根据需要和家庭的使用习惯进行选择。

巧设洗衣水位段节水

洗衣机洗少量衣服时，如果水位定得太高，衣服在高水里飘来飘去，互相之间缺少摩擦，不仅洗不干净，还浪费水。

所以我们有必要选购能将水位段细化的洗衣机。新型的洗衣机基本都将水位段细化，洗涤启动水位也降低了1/2，洗涤功能可设定一清、二清或三清功能。我们可根据不同的需要选择不同的洗涤水位和清洗次数，从而达到节水的目的。

正确地漂洗衣服可省水

洗衣的过程中，漂洗程序的用水量很大，如何正确地漂洗才

能省水呢?

1.增加漂洗次数,每次漂洗水量宜少不宜多,以基本淹没衣服为准。

2.每次用的漂洗水量相同。

3.每次漂洗完后,尽可能将衣物拧干再放清水。

4.如果将漂洗的水留下来做下一批衣服的洗涤用水,一次可以省下 30~40 升清水。

巧用洗衣漂洗水

1.非全自动洗衣机:在大扫除之前,将要洗的衣物用洗衣粉泡上,洗涤后按暂停,然后舀出桶内肥皂水洗家中的脚垫子或墩布、便池之类。

开始漂洗衣物,此时可以放心地去擦桌子、收拾屋子。等第2次漂洗完毕,用第2次漂洗水清洗脚垫子或墩布之类。

接着进行第3次漂洗,用第3次漂洗水墩地、清洗抹布等。洗衣、擦桌子、收拾屋子、墩地穿插进行。当然,也可以根据自家的具体情况具体安排。

2.全自动洗衣机:现在不少家庭都用全自动洗衣机,启动洗衣机后就可以不管了,一直等洗衣机洗完发出提示声后,才把洗完甩干的衣服拿去晾。由于全自动洗衣机每次都是甩干后再漂洗,所以第2遍漂洗之后放出的水几乎是干净的,完全可以用盆蓄积起来拖地,或把拖把放在出水口清洗。而且由于洗衣后的水呈碱性,去污能力较强,会比普通自来水拖地要干净。

洗衣机里排出的水除了可以清洗拖布、拖地,还可以用来冲洗马桶、冲外阳台地面。

废纸代替垃圾盘可节水

吃饭时可以把收集的报纸、稿纸、广告纸等废纸当作垃圾盘,每个人撕一张垫着，吃完饭后一块扔掉，这样就可以节省用于清洗垃圾盘的水和洗涤剂。

收拾碗盘不叠放

吃过饭后如果把所有油腻的、非油腻的碗盘堆叠在一起，就会使那些非油腻的碗盘也被黏得油乎乎的，洗起来既费力又费水。

老菜叶擦洗更省水

对于油锅、油碗，可以用老菜叶来擦洗，如香菜、芹菜、空心菜、毛豆叶等。因为菜叶是碱性的，很容易就能将油腻擦洗干净。之后再用水洗时就可以节省下不少水。

餐具最好放到盆里洗

如果不用洗碗机清洗盘、碗，也不应直接用水冲洗。开着水龙头洗餐具很浪费水。用水龙头洗一般需要5分钟左右，而一般流量的水龙头出水为每秒100毫升，5分钟需用去80升左右的水。如果把餐具放到盆里洗，一般用2~3盆水（约为10升）也就够了。

用焯青菜等厨余热水来冲洗餐具、锅具

可以用捞米的热水，煮过面条的热水，焯青菜、煮海带等厨余热水清洗油腻较重的餐具和锅具，然后再用清水冲洗。不但省水，还节省洗涤剂。

洗碗多个比单个洗更省水

洗碗时如果单个地洗，打洗涤剂的时候水龙头也照样开着，这样洗碗非常浪费水，也比较浪费洗涤剂。

可以把洗碗用的丝瓜瓤或洗碗布等用水蘸湿，放上洗涤剂揉

均匀，再把所有要洗的油腻较重的餐具和锅具擦一遍，然后集中地用水冲洗。也可以把洗菜盆的塞子堵住下水口，放上水，倒上洗涤剂，一次性依次把要洗的碗筷清洗一遍，然后再一起用水冲洗。

这样避免了单个洗时重复使用洗涤剂的麻烦，也不必每次担心手上蘸有洗涤剂，还要先冲手再冲碗，无形之中也节约了用水。

如何洗油腻餐具更省水

1.将油污较重的餐具与没有油污的餐具分开洗，不要放在一起泡。

2.如果餐具油污很多，最好先用废纸或果皮把餐具上的油污擦去，用热水冲一遍，然后用洗涤剂清洗，最后再用水冲洗干净即可。

3.先用少量的洗涤剂融化油污，然后用少量的水冲洗干净。

4.对于碗或者用过的油锅，最好用过后立即就洗，油腻更容易洗掉。

以上方法不但节约用水，也节省洗涤剂。

洗餐具、锅具尽量少用洗涤剂

洗涤餐具、蔬菜和水果的洗涤剂其成分主要是碳酸钠、多聚磷酸钠、硅酸钠和一些界面活性剂，碱性强于洗衣粉。用洗涤剂过多，就要用大量的清水冲洗。冲洗不净的话会对食道和胃造成很大的破坏性，所以洗餐具、锅具时应尽量少用洗涤剂。

1.没有油腻的餐具、锅具，没有农药危害的水果、蔬菜最好不要用洗涤剂洗。

2.可以用热水替代洗涤剂洗餐具、锅具。

3.用剩茶水代替洗涤剂擦洗有油腻的锅、碗，去油效果好，既省水又少用洗涤剂。

4.如果需要用时，应尽量少用。可以把买回来的洗涤剂用水稀释，每次用时只需用稀释后的洗涤剂喷于要洗的餐具上。

用盆接水洗菜代替直接冲洗

洗涤蔬菜、水果时，能用盆接水洗就不要直接冲洗。可以先用接在盆中的水涮去土粒，然后用换过的水加洗涤剂泡去农药，最后冲洗时再用水龙头冲洗，或者仍然用盆接新水刷洗，这样既省水又可以洗干净。

用水龙头冲洗时，也要把水龙头开得小一些，用手轻轻抹或搓较脏的部位，搓到哪里水冲到哪里，这样不会用太多的水还可以洗干净。

另外要注意根据洗菜的量，能用半盆水洗净就不要用一盆水。

洗菜讲究顺序可节水

加工蔬菜时要先摘后洗、先洗后切、净菜上墩，只有这样做才最节水，同时也容易把菜洗净，缩短加工时间。

1.先摘后洗：摘叶菜时，要根根摘净、瓣瓣掰开，虫子、草棍、黄叶杂物挑出，然后再冲洗。非叶菜需去皮的要先去皮，然后再冲净。

2.先洗后切：如果先切后洗，脏东西会跑进菜里，清洗更费水费时。而且切后就不要再洗了。

3.切菜时要净菜上墩（板），这样菜墩（板）就不用多洗一遍了。

菜叶小虫怎样清除可省水

如果菜叶上有小虫的话，通常情况下需要清洗很多遍还洗不净。这里介绍一种可以轻松清除小虫又可以节约用水的小窍门：用淡盐水浸泡菜叶，小虫受到盐的刺激，很快就会和菜叶分开。又由于盐水的比重较大，小虫会浮在水面上，很容易就从盆中倒出。

如何清洗猪肚可省水

用清水洗猪肚难以洗干净，也很费水。比较好的方法就是用盐擦洗猪肚，清洗过程中再用一些醋。醋能使胶原蛋白改变颜色并缩合，而盐具有高度的渗透作用。经过盐和醋的作用，使胶原蛋白自肚壁脱离，从而达到清除污物和去除异味的作用。清洗后的猪肚要放入冷水中用刀刮去肚尖老茧。

注意洗猪肚时不要用碱。因为碱具有较强的腐蚀性，肚表面的黏液在碱的腐蚀作用下使表面黏液脱落的同时也使肚壁的蛋白质受到破坏，减少肚的营养成分。

淘米不必太多遍

米粒表层的营养成分在淘米时会随水流失，淘米次数过多，就容易导致营养流失，还非常浪费水。所以淘米时只要能淘去灰土、虫子和糠皮就可以了，不必淘洗太多遍。

如何清洗瓜果干净又节水

不少人习惯用洗涤剂来清洗水果和蔬菜，残留的洗涤剂如果清洗不净对身体很有害，为了漂洗干净就需要洗很多遍，很浪费水。这里介绍几种清洗瓜果既干净又节水的方法：

1.用盐水浸泡消毒清洗瓜果。先用盐水泡上 20 分钟，再冲洗一遍，又省水又吃得干净放心。

2.把瓜果用水浸湿后在表皮撒一点食盐，用手握着瓜果轻轻地搓洗，利用盐的颗粒摩擦，很容易就能洗干净表面的脏东西，再用水冲干净就可以了，既省水又卫生。

3.用牙膏代替洗涤剂也很好。

如何洗葡萄省水又干净

刚买回来的葡萄表面有脏东西，也有农药。用水直接冲洗，往往冲不净；用洗涤剂洗，又会使洗涤剂渗入葡萄，造成二次污染；用手搓，又容易将皮弄破。轻松洗干净葡萄又省水的办法是：准备一个小盆，放入少许淀粉，再放入葡萄，先浸泡后清洗，能洗得很干净，而且葡萄表面也不会变色。

如何清洗拖把可省水

有些人为了将拖把冲刷干净，就把水龙头开很大，冲洗很长时间。拖把是洗干净了，但很浪费水。如何在省水的前提下又能将拖把洗干净呢？

1.将传统的拖把换成平面拖把。这种拖把只需用刷子刷就很容易清洗干净，既省水，又省力。而且这种拖把能把地板拖得更干净，能将毛发和小碎屑都拖掉。

2.将传统的拖把换成具有自拧功能的拖把。这种拖把清洗起来比传统拖把要省水，还免去了用手拧拖把的麻烦。

3.用桶接水洗涮拖把。这样做比直接用水冲洗要省水得多。

4.如果是打扫庭院或外平台，可以先用扫帚扫一下，室内地面也可以先用干净的塑料扫帚清扫，然后再用拖把拖，这样就能大大减少洗涮拖把的用水量。

不锈钢厨具怎样去污省水

1.用软纸团或洗碗布先擦拭后清洗。

2.先用少量的洗涤剂或专用的不锈钢厨具去污剂融化油污，然后再冲洗。

3.用厨余热水、热汤洗涮。

4.用做菜剩下的萝卜头反复擦拭污渍处，便能轻松去除。如果渍迹产生的时间已久，那么在萝卜头上蘸些去污粉，效果也很好。也可以用老菜叶代替萝卜头。

巧除地面油污

用拖把擦不干净的油污，可在拖把中加入少许醋，这样可以轻松擦去油污，节水的同时还没有清洁剂滑腻的感觉。

巧除灶具油污

灶具沾上油污后，不能用醋或者有腐蚀性的东西洗涤，可将黏稠的米汤涂在灶具上，待米汤结痂干燥后，用布轻擦，油污就会随米汤结的痂一起除去，也可用较稀的米汤、面汤直接清洗。米汤、面汤、水饺汤等都有一定的去油污作用，用来洗刷餐具，可减少洗洁精对水质的污染和在人体内的蓄积。

巧除玻璃油污

厨房玻璃的油污比较多，可先将玻璃内外的尘埃以湿布擦除，再用碱性去污粉、洗涤剂擦拭，然后再用氢氧化钠或稀氨水溶液涂在玻璃上，半小时后用布擦洗，玻璃就会变得光洁明亮。

如果是有花纹的毛玻璃，则必须先用旧牙刷或厨用金属球刷洗。

巧除纱窗油污

先用笤帚扫去纱窗表面的粉尘，再用 15 克洗洁精加水 500 毫升，搅拌均匀后用抹布均匀抹到纱窗的两面，即可除去油腻。或者在洗衣粉溶液中加少量牛奶，用这种自配洗涤剂洗出的纱窗会和新的一样。

也可取一容器，放入 100 克面粉，加温水打成稀面糊，趁热用刷子刷在纱窗的两面并抹匀。过 10 分钟后用刷子再刷一次，反复刷几次，用水冲洗后，油腻就没了。

巧除家具油污

在清水中加入适量醋，然后擦拭有油污的家具，即可去除油污。或用漂白粉溶液涂抹、湿浸一会儿再擦，去污效果也很不错，可节约洗涤剂和水。

巧除厨房瓷砖黑垢

烹饪时飞溅到墙壁上的油渍，若未及时处理，时间一久，就会形成黑垢。

可以喷一些清洁剂到墙壁上，再贴上纸巾，约过15分钟后再进行擦拭，就会比较容易去除。至于瓷砖缝等较难清洗的地方，则可以借助旧牙刷或厨用金属球配清洁剂刷洗，比较省水省力。

巧擦玻璃节水省力

1.把洋葱去皮切成两半，用其切口摩擦玻璃，趁洋葱的汁液还未干时，再迅速用干布擦拭，这样擦后的玻璃既干净又明亮。

2.先用湿布擦一下玻璃，然后再用干净的湿布蘸一点白酒，稍用力在玻璃上擦一遍。擦过后的玻璃即干净又明亮。

3.用干净的黑板擦擦玻璃，既干净明亮又省水省力。

4.用平板拖把配合清洁剂擦玻璃，清洁效果不错。

不使用有毒清洁用品的清洁方式

用陈玉米面代替餐具洗洁精；每4.6升水加上1/4杯白醋就可以代替陶瓷砖清洁剂；用3份橄榄油和1份柠檬汁或醋混在一起就可以代替家具擦光剂；在便盆中投一些烧碱，然后喷醋，就可以代替马桶清洁剂。

这些材料既可清洁污渍，又不伤手，而且容易冲洗干净，节约了清洁用水又减少了有毒清洗剂的污染。

选择能节水的洗车方式

目前国内的洗车方式主要有以下几种，从低碳节能的角度，我们要选择能节水的洗车方式。

1. 软管洗车：用水量最大，水的冲击力较小，清洗效果一般。

2. 高压水枪洗车：用水量是软管冲洗的1/3左右，节水且清洗效果较好，国内洗车普遍采用该方式。

3. 循环水洗车：是在采用高压水枪的基础上，将洗车后的污水经收集、处理后重复使用。该方式不但节省清水，而且可减少对水环境的污染。

4. 蒸汽洗车：是把水加热产生蒸汽，再利用蒸汽洗车。这种方式尽管节水，但把水加热成水蒸气要消耗不少能量，在节水和节能之间存在矛盾，因此该洗车方式不值得推广。

5. 无水洗车：也称化学洗车，用水量最少，但仅适用于车身保养和清除表面灰尘的情况，不适用于雨天之后满身泥水的脏车。

有车族洗车节水要点

1. 适当减少洗车次数，有灰尘时可以用鸡毛掸子擦拭。

2. 尽可能选择一些用水量少的洗车点，比如无水洗车、微水洗车点等。

3. 到使用中水（再生水）的洗车点洗车。

4. 可以根据车子肮脏的程度来调整洗车用水量，较脏的多用水，干净的就可以少用水。

5. 车身用清水洗，底盘和轮胎用脏水洗，如收集洗衣水、洗澡水、空调冷凝水洗车，然后再用清水洗，可节约用水。

6. 少用水冲，多用抹布擦。洗车时，可以用浇花的喷壶先给车身上局部喷水，然后用干布将车上的脏物擦除。擦完整个车身后，用此方法再擦一遍，车身就干净了。整个过程只需用水10升左右。

7.洗车时使用海绵与水桶擦洗取代水管冲洗，洗干净同样一辆车，用桶盛水擦洗只是用水龙头冲洗用水量的1/8。

8.如果用水管冲洗，要采用"冲湿、施用皂液、冲水"的方法，并在软管头套上喷水头。

9.使用汽车清洗机洗车。目前，国内已经研制出了一种汽车清洗机，靠手动打压数下，8升水就能洗一辆车。可放在后备箱中，方便实用，省水、省电、省时、省力。

10.用节水喷雾枪代替高压喷枪。后者最大的问题是使用清洁的自来水，污水直接排放，十几分钟消耗的水量相当于一个人一天的生活用水量，浪费十分严重。

洗车行节水要点

1.提高节水意识。

2.最好用中水洗车。

3.在操作过程中要避免漏水等浪费水的情况发生。

4.根据不同的车辆及其干净程度来决定用水量。

5.用不同的水来清洗汽车的不同部位。

6.有条件的可以和洗浴中心等用水大户联合起来，利用洗浴废水处理后洗车。

7.可以把连锁洗车行或附近的洗车厂的水集中起来，废水集中处理，循环利用。根据测算，清洗一辆车平均耗水70~80升，如果使用洗车水循环回用设施，耗水量可降至15~20升。

绿化灌溉如何节水

1.尽量利用中水进行绿化灌溉。

2.需要浇水时再浇水。检测草坪是否需要浇水的方法是先站到草坪上，抬起脚以后，如果草能自然伸直，说明尚不需浇水。

3.草地灌溉应选用喷灌、微灌、滴灌等节水灌溉方式，不要用自来水涌灌、浸灌。

4.把洒水装置直接安装到草坪上，这样洒出的水可直接浇到草坪，避免把水喷到过道上。

5.草地灌溉应该在早晨和傍晚进行，最好在上午10点钟之前或下午4点钟之后为草地浇水，避免在热天或多风的天气浇水。

6.种植抗干旱的草或树木，并在植物周围培一层护根的土，以减少水分蒸发。一般情况下，没有护根土的草坪蒸发量是有护根土的草坪蒸发量的2倍左右。有护根土的草坪每天每平方米浇100升左右的水，没有护根土的草坪则每天每平方米就需要浇200升左右的水。

7.有条件的可以收集雨水浇草坪。

生活中利用哪些废水浇花草

平时只要留心，有很多废水都比较适合浇花草，既有利于花草的生长，又可节约干净的自来水。

1.用淘米水浇花，可以使花卉长得更茂盛。

2.洗牛奶袋和洗鱼肉的水，含有较高的营养成分，用来浇花可以使花卉更茂盛。

3.煮蛋的水含有丰富的矿物质，冷却后用来浇花，不仅能使花草长势旺盛，花色更艳丽，还能延长花期。

4.煮面和肉剩下的汤加水稀释后用来浇花，可以增加肥力，使花朵开得肥硕鲜艳。

5.养鱼缸中换下的废水，含有剩余的饲料，用来浇花可增加土壤养分。

6.未用洗涤剂的洗浴用水、洗衣用水等都可以用来浇花草。

有条件的可以收集雨水

楼顶的住户可以在楼顶或露台放置废油壶、塑料桶和雨阳棚，收集雨水；一楼的住户可以收集落水管里的水。这些水可用于养鱼、浇花、洗车、拖地、冲马桶等。

如果能购买有雨水收集设施的房子，就能节省物业费。2009年开始，贵阳市有很多生活小区就在建设雨水收集系统。小区一年的物业管理用水需要花费50多万元，使用雨水收集系统收集雨水使用的话，可以节约一半费用。收集后的雨水通过铺设的管网引进生态水池，可直接用于景观、绿化及保洁。铺设中水回用管网，可提高中水回用量；建雨水收集点，可变雨水为市政用水和生活杂用水。

建立水窖

缺水地区或山区可以建立水窖。水窖是一种地下蓄水设施，在土质地区和岩石地区都可以应用。

根据形状和防渗材料，水窖可分为黏土水窖、水泥砂浆薄壁水窖、混凝土盖碗水窖、砌砖拱顶薄壁水泥砂浆水窖等。可根据当地土质、建筑材料、用途等条件选择。

土质地区水窖多为圆形断面，可分为圆柱形、瓶形、烧杯形、坛形等，其防渗材料可采用水泥砂浆抹面、黏土或现浇混凝土。岩石地区水窖一般为矩形宽浅式，多采用浆砌石砌筑。

八、低碳家居行动方案

绿色住宅是全方位的立体环保工程。21世纪，绿色环保楼盘必将大受欢迎。目前，已经有不少楼盘打出了绿色环保标志。那么，在选购绿色住宅时应从哪些方面考虑节能问题？从装修设计到装修材料如何实现低碳？在选购安装家电、家具时如何实现节能低碳？

节能建筑离我们还有多远

如果买房，一定要选购节能房屋。节能建筑可节省大量的能耗，单从采暖一项来看，目前北京市一般住宅的采暖能耗基准数是约25千克标准煤，而在气候条件相似的德国，其新建房屋的采暖能耗已从20世纪70年代的24~30千克标准煤降到现在的4~8千克标准煤。

目前，中国的房屋建筑面积已经超过400亿平方米，已超过所有发达国家，但在每年近20亿平方米的建筑竣工面积中，只有5000万~6000万平方米是节能建筑，仅占3%左右。

住房节能好比涨工资

现在很多人买房，关注的是楼房的景观、布局、小区环境等，至于是否节能，考虑得很少。其实，住房是否节能与生活密切相关。

住房节能就好比涨工资。房屋在使用期间，需要不断消耗大量的能源。这些能耗包括采暖、空调、通风、热水供应、照明、炊事、家用电器等多方面，其中采暖、空调能耗占 60%~70%。如果是购买了节能住房，在采暖、采光、通风和纳凉等方面都是最大限度地利用自然能源和可再生能源，这样的房子在满足人们对于居室内的空气质量、温度舒适性方面需求的同时，还能在住房能耗方面省下不少开支。对于普通百姓来说，这就好比在涨工资。

虽然在购买节能房屋时成本会高于普通住宅，但其日后的使用成本大大低于普通住宅。所以如果有条件，应该考虑购买节能住宅。

什么样的房子采光好

住宅采光设计科学，利用自然光较好，不但可减少照明用电，也可降低因照明器具散热所需的空调用电。那么，什么样的房子能更好地利用自然光源呢？

1. 从房子的朝向看，正朝南的房子是采光最好的，采光时间最长。其次是朝南偏西的房子比朝南偏东的采光好，因为朝南偏东的房子采光时间只是在早上，而朝南偏西的房子采光时间却是一整个下午。

2. 前面没有建筑遮挡的房子采光最好。如果前面有建筑物，但楼间距大于前面建筑的高度，屋内采光也不会受到影响，可以视为没有建筑物遮挡。如果楼间距小于前面建筑的高度，则要视两者的比例选择中间层，具体标准是前面建筑遮不住室内的阳光。但也不要选择最高层，因为最高层夏季吸热较多会使室内温度变高，而冬季又因散热太多使室内温度变低。

3. 有大面积的玻璃、明厅、明卫、明厨的房子采光好。这样的房子透过玻璃、窗户能很好地利用自然光源。

4. 大开间、小进深的房子采光好。面窄而大进深的房子是许多开发商为节约土地资源、增加利润而建造的，是以牺牲一些房

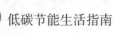
间的采光为代价。

5.客厅安排在临窗位置的房子采光好。白天，人们大部分的时间都呆在客厅，如果客厅靠近窗户，就可以利用自然光而不必开灯。

选购利用太阳能的房屋

如果选购利用太阳能的房屋，就能在用热水和用电方面节约很多能源。太阳能在现代建筑中的应用主要体现在以下两个方面：

1.房屋安装了太阳能热水器。目前国内安装的太阳能热水系统，一般都是采用真空集热管的太阳能热水器，主要用于提供居民的生活洗浴热水。现在有些房地产公司在建房时就已经安装了太阳能热水系统。

2.房屋安装了太阳能发电装置。1973年，美国能量转换研究所建造了世界上第一座太阳能房屋。这所房子的屋顶能吸收太阳能，然后再把太阳能转化成电能，以满足房子的照明及其他用电设备的用电需求等，还可用电池储存多余的能量。

我国研制的太阳能房屋，屋顶被设计成中间平整、四面倾斜的形状，在屋顶的四面和正中间都分别安装太阳能装置。五面巨大的太阳能装置源源不断地吸收太阳的能量，功率达到5千瓦，一家人用电绰绰有余，而且只要用电的地方就能用得上。这样的房子根本不用担心电费。此外，住在这样的房子里也根本不用担心停电造成影响。每天，屋顶的太阳能装置会把阳光能量主动储存下来，即使接连阴雨两三天，也不用担心会断电。

选购利用地热能的房屋

如果当地有利用地热能的房屋出售，你可以优先考虑选购这种节能房屋。

地热能是可再生能源，来源于地球内部的熔岩，以热力形式存在。运用地热能最简单和最合乎成本效益的方法，就是直接取用这些热源，抽取其能量。

地热能的利用可分为地热发电和直接利用两大类。

据美国地热资源委员会（GRC）1990 年的调查，世界上 18 个国家有采用地热发电，总装机容量 5827.55 兆瓦。装机容量在 100 兆瓦以上的国家有美国、菲律宾、墨西哥、意大利、新西兰、日本和印尼。我国的地热资源也很丰富，但开发利用程度很低，主要分布在云南、西藏、河北等省区。

地源热泵技术是一种高效节能的可再生能源技术，近年来日益受到重视。目前，我国除青海、云南、贵州等少数省区外，其他省区都在不同程度地推广地源热泵技术。据不完全统计，截至 2006 年底，我国地源热泵市场年销售额已超过 50 亿元，并以 20% 的速度增长。而全国已安装地源热泵系统的建筑面积就超过 3000 万平方米。

选购利用中水的房屋

中水又称再生水、回用水，是相对于上水（自来水）、下水（排出的污水）而言的，是对城市生活污水经简单处理后，达到一定的水质标准，可在一定范围内重复使用的非饮用水。中水可用于冲洗厕所、洗车、绿化用水、农业灌溉、工业冷却、园林景观等。

现在有些绿色住宅能把污水变成中水，或者在设计时把洗手池的水直接通向厕所，这样洗衣服、洗菜的水就可以用来冲厕所，可节约大量的水资源。

选购墙体保温好的房屋

在缺乏外保温墙的普通住宅中，冬天采暖、夏天制冷中有 30% 的能量没被有效利用，而是通过窗户、墙体散失到户外，增加了热岛效应，浪费了能源。因此，买房一定要选购有外保温墙

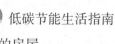

的房屋。

随着国家对建筑节能问题的重视，建筑外墙节能保温行业越来越受到关注。我国的建筑节能标准由以前的30％提高到50％，北京、上海等部分一级城市的节能标准要求达到65％。

外墙色彩淡的房子更节能

外墙色彩越重的房子越容易吸热，极鲜亮的色彩会使室温升高。所以，从节能的角度考虑，应选择外墙色彩淡的房子。

外墙色彩还应符合本地区气候和环境的特点。南方气候炎热，建筑色彩常使用高明度的冷色或中性色作基调，显得明快、淡雅，这样很适合南方气候的防热要求和心理感觉，而且这种淡雅的颜色容易与常年苍翠浓郁的绿化环境相协调。在北方寒冷地区，建筑色彩采用中等明度的暖色和中性色，如用黄色墙面加白色线脚，在冬季能给人以温暖的感觉。

选择对垃圾实行无公害处理的小区

目前已经出现了不少对垃圾实行无公害处理的小区，购房时要优先考虑。具体选购房屋时应注意以下两点：

1.要看小区是否将生活垃圾分为有机物、无机物、玻璃、金属、塑料等类回收处理。

2.要看小区是否就地处理垃圾，最大限度地降低环境污染，变废为宝，循环利用。例如北京北潞春小区的多屋悬浮燃烧炉，就是就地处理垃圾的具有世界一流水平的现代化设备。

购房不必追求过大

不少人认为一栋漂亮的大房子是身份地位的象征，事实上，选择小户型才真正体现了低碳生活的要求。

小户型无论是在节约建筑材料、节能还是在建造和使用成本等方面都优于大户型，碳排放量也明显小于大户型。因为房屋的面积越大，其供暖、照明所消耗的能源也就越多，产生的二氧化碳也会随之增多。

所以购房不必过分求大，够用就好，节省下来的钱可用在对空间的舒适、紧凑型改造上，可有效减少各种能源消耗与污染。

农村住宅怎样才能更好地节能

1.农村建造住宅时尽可能使用节能砖。通过新技术，利用生产、生活废料生产的节能砖不仅能变废为宝，环保节能，而且不怕水、不怕冻、耐高压。与黏土砖相比，节能砖具有节土、节能等优点，是很好的新型建筑材料。

因此，农村居民建造住宅宜使用节能砖。使用节能砖建1座农村住宅，可节能约5.7吨标准煤，相应减排二氧化碳14.8吨。如果我国农村每年有10%的新建房屋改用节能砖，全国可节能约860万吨标准煤，减排二氧化碳2212万吨。

2.农村住宅可考虑使用太阳能供暖。一座农村住宅使用被动式太阳能供暖，每年可节约0.8吨标准煤，相应减排二氧化碳2.1吨。如果我国农村每年有10%的新建房屋使用被动式太阳能供暖，全国可节能约120万吨标准煤，减排二氧化碳308.4万吨。

对已有住房如何进行节能改造

如果现在居住的房子或新买的住房还不是节能型住宅，可利用家庭装修的时机，进行节能改造，不仅可提高居住的舒适性，还可节省采暖和空调费用。

1.房屋外窗（包括阳台门）要用中空玻璃、温屏节能玻璃等调换原有的单层普通玻璃。同时，西向、东向窗安装活动外遮阳装置。

2.建筑外墙，特别是西向、东向墙，可采用40毫米厚的矿（岩）

棉毡等保温材料，木筋间距取 600 毫米，面板可采用纸面石膏板或水泥纤维加压板，从而提高建筑的保温性能。不破坏原有墙面的内保温层，阳台改造与内室连通时要在阳台的墙面、顶面加装保温层。

3.尽量采用可再生能源来解决家庭热水、照明等问题，如安装太阳能热水器、安装太阳能光电等。

何谓低碳家装

低碳家装是在家庭装修中尽量减少能源消耗，运用新科技、新材料、新能源来协调人工环境和自然环境之间的关系，从而降低二氧化碳排放量，达到节能、节材、节水的一种家庭装修方式。

低碳家装实际上涵盖了家居装修的方方面面，从家装设计开始到装修材料的购买、软装的进行、家具家电的选购，都要贯穿着"低碳"，都要求环保、节能、可循环利用。

低碳家装要在装修时把好设计关，施工时做好保温、节水和节电的三方面措施。

家装设计改走简约路线

如果把房子装修得过于复杂，天花、吊顶、墙饰等过于繁杂，使用太多的装饰材料，是非常浪费的。例如中式复古风格装修中古典花的设计需要大量实木，欧式复古风格装修也要用大量的壁纸来装点细节，花费高，消耗也大。

低碳家居应拒绝奢华、复杂的家装设计理念，改走简约路线。

简约的设计风格是家装节能的关键因素。它要求运用设计技巧和装修材料来提升居室的装修品位，营造良好的居家氛围，同时最大限度地减少材料的浪费。

简约的设计风格讲究实用、环保、节能，不追求昂贵的建材和复杂的工艺，以自然通风、自然采光为原则，减少空调、电灯的使用率，节约装饰材料、节约用电、节约建造成本。

不要随意改造房屋内部结构

通透的空间不仅能给人以宽敞、轻松的感觉，也利于空气流通，减少能耗。对于一些南北通透的房间，夏季即使不用空调、电风扇，也会因通风好而感觉比较凉爽。装修时应尽量保持原有的南北通透的结构。即使不是直接的南北通透，也要保留间接的通风通道，从空间结构上最大限度地保持通风。

即使房间结构存在问题，也不要大规模改动房屋内部结构。可以和设计师多沟通，用其他办法解决或弥补。

另外，房间中应少用隔断等装饰手法，如果一定要使用，也应尽可能将其与储物柜、书柜等家具合二为一，以增大室内空间，节约装修材料。

低碳家装多采用节能型建材

1.尽可能选购不含甲醛、铅、苯等有毒物质的黏合剂、涂料等材料来降低能耗。

2.复合木地板比实木地板更低碳，因为实木地板是全木材的，需消耗更多森林资源。

3.在一些不注重牢度的"地带"尽可能使用类似轻钢龙骨、石膏板等轻质隔墙材料。纤维石膏板是一种暖性材料，热收缩值小，保温隔热性能优越，且具有呼吸功能，能够调节室内空气湿度。要尽量少用黏土实心砖。

4.选择装修装饰材料应重视质量和环保，尽可能延长装修的使用寿命，减少二次装修造成的材料浪费和因此增加的碳排放。

5.使用高质量的节能灯、节能插座、节水洁具等环保家居产品。

装修时哪些建材应尽量少用

1.减少铝材使用量。铝是能耗最大的冶炼金属之一。1 吨铝综合电耗为 14622 千瓦时，相当于 3.2 吨标准煤，综合能耗为 9.6 吨标准煤。

2.减少钢材使用量。减少 1 千克装修用钢材，可节能约 0.74 千克标准煤，相应减排二氧化碳 1.9 千克。

3.减少木材使用量。适当减少装修木材使用量，不但保护森林，增加二氧化碳吸收量，而且减少了木材加工、运输过程中的能源消耗。少使用 0.1 立方米装修用的木材，可节能约 25 千克标准煤，相应减排二氧化碳 64.3 千克。

4.减少陶瓷使用量。每节约 1 平方米的建筑陶瓷，可节能约 6 千克标准煤，相应减排二氧化碳 15.4 千克。

多使用节能门窗

通常门窗上的热量损失占到整个建筑能耗的 49%~63%，所以，重视门窗节能是解决建筑能耗问题的关键所在。

门窗的节能效果等级要看其整体性能，包括型材、玻璃、五金配件的协调匹配。

门窗由框扇材料与玻璃两大主体材料构成，中空玻璃仅解决了玻璃面积上的能耗问题，是否真正节能还要看占到门窗面积 30% 的框扇型材是否节能。

塑钢型材以其优良的热阻度成为门窗框扇材料的主流，但塑钢型材抗弯矩及抗冲击性较低，而且易泛黄变色，让很多人不甚满意。而铝合金门窗在这些方面优势明显，但铝型材的高热传导性能又无法解决因此而产生的热量流失。

用隔热铝合金型材加工而成的隔热铝合金门窗，通过把高热传导性的铝合金型材分开后再用低导热的化学材料制成的隔离物

（断桥）连接而成。 由于其隔热性好，所以隔热铝合金门窗才是真正的节能门窗。

装修时要增强房屋的保温性

1. 最好不要把客厅和阳台间的墙拆掉。因为这面墙大多数是一道外墙，拆了不利于保温。如果将阳台与居室打通，也要在阳台的墙面、顶面加装保温层。

2. 要特别注意选购符合所在地区标准的节能门窗，使气密、水密、隔声、保温、隔热等主要物理指标达到规定要求。

3. 把原有室外的单层玻璃普通窗换成中空玻璃断桥金属窗，把室内的单层玻璃窗改为隔热的双层玻璃窗。一方面可以加强保温，通常能节省空调电耗5%左右（视窗墙比大小不同）；另一方面还能更好地隔音，防止噪音污染。

4. 尽量选择布质厚密、隔热保暖效果好的窗帘。

5.. 如果原有墙面有内保温层，在装修时不能破坏。

6. 不乱拆减暖气片。因为每个房间用多少块暖气片都是根据房间面积设计的，随意改动暖气不利于室内温度的调节。

7. 在铺设木地板时，可在地板下的隔栅间放置保温材料，如矿（岩）棉板、阻燃型泡沫塑料等。

8. 尽量选购门腔内填充有玻璃棉或矿棉等防火保温材料、安装密闭效果好的防盗门。

9. 给门窗加装密封条。

10. 顶层的房屋还可在吊顶的纸面石膏板上放置保温材料，以提高保温隔热性。

冬季房间如何节能保暖

1. 要将新换的暖气片里的空气和冷水放净。一些家庭装修时置换的新型暖气片，里面的空气和冷水应放净，否则散热效果就

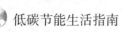

会大打折扣。

2. 要把封闭的暖气散热罩打开。暖气如有安上暖气罩，冬季最好打开，如打开影响美观，可把散热罩倒装，让百叶网朝上，以便热量散发出来。

3. 在暖气片后面装反射膜。可采用金属表面的铝扣板，也可用厨房使用的灶台金属膜或烤制食品用的金属膜，安装在暖气片与墙壁之间，既可保温又可反射暖气热量。

4. 门窗加装和更换密封条。老式的铝合金门窗和钢窗没有密封条，一些新式的门窗虽有密封条，但使用一段时间以后会出现老化问题，造成室内热量的散失，因此要及时加装或更换密封条。

5. 开放式阳台加装保温帘或者保温毯。如装修时把封闭阳台改成房间，可在原阳台与厅之间的位置安装一套保暖的门帘，晚上拉上也可以起到室内保温的作用。地面可以铺地毯，能增加地面的保温效果。

6. 玻璃贴保温膜和涂刷保温涂料，这个方法特别适用于一些有落地窗的房屋。

如何安装暖气可节能

1. 暖气不要安装在靠窗的地方。因为暖气安装在靠窗的地方，热量会随着窗户的敞开而散失，不利于节能。

2. 不要包暖气罩，也不要在暖气上面打家具。因为暖气被罩住后，热量散不出来，一般会增加 10% 左右的能耗。

小户型如何设计装修

小户型的装修重点应放在功能性的设计上，其次才是考虑情趣美观。这不但符合内在的需要，也符合低碳环保的思路。

1. 功能性设计原则：会客、娱乐、工作、休息、做饭等要有机地融合在一起，同时划分合理、不混乱，使用方便舒适。设计重点应放在如何合理划分空间，如何使空间高效利用。

2.美观性设计原则：解决了功能性需要之后，再考虑美观。为节省空间，美观性点到为止，无论家具还是软装都应身兼数职，纯装饰性的东西能免则免。

选择低碳地板

低碳地板不仅是低能耗，而且在所有的生产环节中处处体现出节能降耗、减碳化碳，充分展现环保核心。判断是否是低碳地板应从以下几个方面来看：

1.低碳地板应利用先进生产技术，碳排放与能源消耗成正比。只有利用先进生产技术的企业，才能保证在生产过程中最大限度地降低能源消耗。

2.低碳地板生产车间应设置有回收流水线。对于那些在生产车间建立废弃物回收流水线，将生产过程中产生的边角料、木尘屑进行聚拢回收再利用的企业，其生产的产品才真正降低材料损耗。

3.低碳地板所使用的原材料应具有可持续性。森林认证作为促进森林可持续经营的一种市场机制已经在世界范围内广泛开展，特别是欧洲和北美国家的消费者普遍要求在市场上销售的木材产品应贴有经过认证的标签，以证明他们所购买的木材产品源自可持续经营的森林。所以在采购地板时要购买通过国际森林认证企业的地板。

参加木地板以旧换新活动

木材不仅可以再生，而且回收便利。现在有些木地板生产企业开展了以旧换新活动，通过将旧地板回收并加以循环利用，使之在木地板、踢脚线、强化复合地板基材、再生纸等产品加工领域继续发挥效能，达到减少原木消耗的目的。

如果你家的房子原来铺的是木地板，现在需要对房子进行重新装修，那就可以参加一些企业的木地板以旧换新活动。只要拨打他们的服务热线或者在服务网点登记，工作人员便会免费上门服务，根据地板的厚度、材种、规格和新旧程度评定回收价格，最高可抵当初购买价格的60%。

对旧木地板进行翻新

木地板在使用多年以后，会出现起漆、掉漆等问题，影响装饰效果。如果把旧地板拆掉换成新的，就会造成很大的浪费。其实，很多木地板只是表面局部破损，基层的木头仍然完好，对旧地板进行翻新是一个经济实惠的办法。

地板翻新就是将地板原有表面打磨掉1~2毫米，对地板表层进行刮腻子、上漆、上蜡等处理工艺，使旧地板恢复如新。

对地板进行翻新需要注意以下问题：

1.只有表层厚度达到4毫米的实木地板、实木复合地板和竹地板才能进行翻新。如果地板表层太薄，就会打磨出中间层，影响地板使用寿命。

2.翻新地板要找专业人员，地板打磨时要使用专业的打磨机。

3.地板发生受损、霉变和变形时，不适合进行翻新。因为霉变通常都深入地板内部，打磨后表面还是会有霉变的斑点。变形和受损也无法通过打磨得到补救。

电视墙简约装修要点

电视墙通常被看作客厅的面子工程，起修饰客厅的作用，在装修时往往比较受重视，常浪费材料，不环保也不低碳。随着电视机的更新换代，液晶电视出现。由于其本身就具有很好的装饰效果，所以电视墙的装修设计可以采用简约风格。

1.设计实用、环保健康。电视墙的装修要根据自己的需求，将储物空间与电视墙的视觉效果结合起来。在选材上一定要注意选择符合环保标准的产品。

2.电视墙可以更简单。用一些容易更新的材质如壁纸、墙贴、手绘等或只用色彩来与其他区域区分。

3.色彩搭配要明快。为了给人以放松、舒适的感觉，色彩搭配以暖色为宜，线条应简洁流畅、柔和大方。电视墙的灯光光线要柔和，不宜过于强烈，还要注意光反射问题，防止引起二次光污染。

装修布线时就要考虑节能问题

现代家居装修，布线可是一个大的工程项目，要布设电线、电视有线电缆、电话线、音响线、视频线、网络线等。在布线时要考虑居室使用过程中方便、安全和美观，更要考虑节能。

装修布线时应注意以下几个问题：

1.可根据国家电路铺设节能标准，不同线路根据用电设备的耗电量采用相应电线，从而减少材料耗费和运输过程中的能耗。

2.合理设计墙面插座。在关键位置安装插座或连接电缆，以免以后使用时还要使用插线板，既影响美观，又不安全。

3.有些电器的插座最好带开关，比如电视、空调、暖风机等，不用的时候就可以关掉，完全不用耗电。

顶层住户可考虑屋顶绿化

对于顶层的住户，可以考虑将顶层绿化，能达到隔热降温的效果。屋顶绿化应做好以下几方面的工作：

1.需要做好防水。在绿化之前应该做蓄水实验，确保屋顶不漏水。

2.防水层上面要做隔根层。这是防止植物根系穿刺的一层，以免植物的根扎到防水层，影响房屋质量。

3.植物种类的选择上尽量不要种直根系发达的植物，可以种些耐旱、耐高温的佛甲草、午时花等须根系发达的花草。

4.给绿化植物保证充足的水分。

室内色彩回归环保自然

很多人喜欢用变化强烈的深浅色彩来营造个性的空间。事实上，深色系涂料比较吸热，大面积使用在墙面中，白天会吸收大量的热能，夏天使用空调会增加居室的能量消耗。

而白色墙面的反射性能更好，反射系数可达70％~80％，更能有效提高光的利用率。因此，天花板和墙壁如采用反射率较高的乳白色或浅色系列装潢，可增加光线的漫射效果，使房间更加明亮。

不妨采用木材、铝塑板、浅色涂料等比较反光的材料来替代深色系涂料，只要设计到位，同样能达到突出个性的效果。

客厅节能设计要点

1.节能首先要想到节电，那就要最大化增加自然采光率，尽量减少电灯的使用率。例如多使用玻璃等透明材料和镜子等，尽量采用浅色墙漆、墙砖、地板等，减少过多的装饰墙，这样可以增强自然采光。

2.将使用频繁的会客区域安排在临窗的位置，不用特别设计区域照明，玻璃门与宽窗设计就可以吸收到足够的自然光线，比起人工灯源氛围更柔和。

3.宽窗、宽门设计，能充分引入自然光线和新鲜空气。

4.如果客厅采光不好，可通过巧妙的灯光布置和加大节能灯的使用力度，减少碳排放量。

5.客厅尽量要选择简洁明朗的装饰风格，如宽大的落地窗、白色墙壁、浅色沙发。

家用照明巧规划

传统的电路设计着力点是装饰，客厅、餐厅一律用大吊灯，在陈列柜、背景墙周围装满了小射灯、支架光管。一到晚上，吃一顿饭、看看电视就要把吊灯、背景灯打开，造成极大的能源浪费。

1.如果要考虑节能，在装修设计时，就要根据建筑的空间合理布局，尽量利用自然光。

2.根据居室结构、采光条件和平时生活起居合理安排灯的布局。客人来时及会餐时可以把大多数光源打开。看电视或与客人聊天时，可以打开在沙发顶上或背后几盏灯（用节能灯），这样既能达到好的感官效果，又能满足节能方案。

3.根据不同的位置选择相应功率的灯。功率过大费电，功率过小又达不到照明效果。一般来说，卫生间的照明 2 瓦 / 米 ^{2} 就可以了，餐厅和厨房 4 瓦 / 米 ^{2} 也足够了，而书房和客厅照明功率要大些，需 8 瓦 / 米 ^{2}，在写字台和床头柜上的台灯可用 15~60 瓦的灯泡，最好不要超过 60 瓦。

灯具安装高度要合适

对于 20 瓦的日光灯，若离地板 1 米高，照明度是 60 勒克斯；离地板 0.8 米高时，照明度是 93.75 勒克斯。高度适当放低就可减少照明灯的瓦数，从而达到节约用电的目的。

装修时灯具如何节能

1.装修时，要尽可能安装节能灯具。节能灯与白炽灯相比更加省电，通常情况下节能灯比白炽灯节电 70% ~80%；寿命更长，一般可使用 8000~10000 小时，是白炽灯的 8~10 倍；有多种光色可选择，替换也方便。

现在市面上还有一种更节能的灯，那就是 LED 灯。这种灯售

价稍贵，但更省电，一盏 5 瓦的 LED 灯与 60 瓦的白炽灯具有同样的光效，如果每天按用电 6 小时算，白炽灯耗电 0.36 千瓦时，而 LED 灯仅耗电 0.03 千瓦时。

2.除选购节能灯外，大的组合式多头灯具可用多个开关分组控制，按照明需要选择开一组灯或多组灯即可，实现有效节能。

3.客厅内尽量不要选择式样太过繁杂的吊灯。

4.卫生间最好安装感应照明开关。

5.可以选择自然风格的灯罩来装饰节能灯，藤、草、麻、纸质效果的灯罩会更好，而辅助灯源可直接安装造型特别的节能灯。

选节能灯应注意哪些问题

1.了解节能灯的品牌。杂牌、劣质的节能灯容易坏，结果只能是节能不节钱。因此应该到有信誉的商店购买品牌好、有认证标志的节能灯。

2.选购有"三包"承诺的节能灯。

3.注意看节能灯的标识是否齐全，正规产品一般都有注册商标、厂名、厂址、联系电话等。

4.不要买价格过低的节能灯。总的来说，国产的寿命达 8000 小时的优质节能灯价格在 20~30 元之间，寿命在 3000~5000 小时的一般节能灯价格在 15~20 元之间。一般质量较好的节能灯，如 9 瓦、13 瓦的螺旋节能灯，价格在 18~20 元。

5.作对比试验，优质节能灯所发的光与白炽灯一样，给人一种舒适的感觉，如果直视灯泡会感到刺眼。劣质或者假冒产品则不具有这样的特点，所发的光像蒙了一层灰，光色不舒适，在这种光的照射下，颜色会失真，直视灯泡也不会有刺眼的感觉。

卧室节能布置要点

1.减少过度装饰，节约原材料。

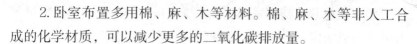

2.卧室布置多用棉、麻、木等材料。棉、麻、木等非人工合成的化学材质，可以减少更多的二氧化碳排放量。

3.朴素的纸质饰品可增添卧室情趣。

购买节能家电，认准"能效"标签

选购空调、电视、冰箱、热水器等家电产品，首先要考虑节能因素。

在购买节能产品时，一定要察看产品是否贴了国家相关部门颁发的"能效"标签，只有通过国家认可的才是真正的节电产品。目前我国的节电产品均由中国节能产品认证中心认证，包括家用电冰箱、微波炉、电热水器、电饭煲、电视机等18类产品的节能产品认证。

能效标签有标明能效等级，应选择高等级、节能型的产品，1级为最节能型，5级为最低级。

另外，我们在选择节能型家电产品时要注意查看产品的生产日期，并查看执行标准是否最新；要仔细对比产品说明书上所列的技术参数；要根据自己的实际情况比较不同产品的性价比。

选购新能源电器

新能源是指太阳能、生物质能、风能、海洋能、水能、核能、氢能、地热能等，具有无污染、可再生的特性。

新能源电器是以最小的能耗获取最大的能量。现在可以有效利用新能源和再生能源的电器设备有太阳能热水器、太阳能灯、太阳能灶、空气能热泵热水器、水源热泵热水器等。

按需选购电热水器

电热水器主要有储水式和即热式两大类。储水式中又分为水箱式、出口敞开式和封闭式三种。

储水式电热水器容量的选择主要考虑家庭人口和热水用量等因素。一般额定容积为 30~40 升的电热水器适合 3~4 人连续沐浴使用，40~50 升的电热水器适合 4~5 人连续沐浴使用，70~90 升的电热水器适合 5~6 人连续沐浴使用。

即热式电热水器即开即热，节省时间；由于其不用保温，所以也较省电；因其不需储水，所以体积也较小，节省材料。但由于它对于电的功率要求在 5000~6000 瓦以上，苛刻的用电环境成为其进入普通家庭的瓶颈之一。

选节能洗衣机可多洗一倍的衣物

节能洗衣机比普通洗衣机节电 50％、节水 60％。也就是说，相同的用水用电量，节能型洗衣机可以多洗一倍的衣物。

买洗衣机一定要认清能效等级标识，选择高等级、节能型的洗衣机。

2007 年 3 月 1 日，《电动洗衣机能源效率标识实施规则》开始执行，要求市场上销售的额定洗涤容量为 1~13 千克的波轮式和滚筒式家用电动洗衣机须全部贴上能效标识，没有标识的不允许销售。

其中 1 级为最节能型，表示该洗衣机用电量、用水量最少，洗净率最高；5 级为最低级，表示该洗衣机用电量、用水量最大，洗净率最低。

节能型冰箱省电又省钱

冰箱的用电量几乎占据了整个家庭用电量的 50％以上，因此购买时一定要选择耗电量小的节能冰箱。

节能冰箱的优越之处就是保温性能强、耗电量少。其能效等级越高，价格也就越贵。如果从省钱的角度考虑，买节能型冰箱到底划不划算呢？我们可以算这样一笔账，一台普通冰箱正常使用每天要用电 1.2 千瓦时，一年下来电费要 300 元左右，而一台节电 30% 的冰箱每年至少可节约 100 元钱，这样只要 3 年的时间就可以省下购买冰箱时多出来的钱，而一台冰箱至少可以用 10 年，显然是选择节能型冰箱划算。

如何选购节能冰箱

1.看节能标识，我国目前对冰箱的节能标识没有统一的硬性规定，但部分知名品牌已经参照国外的标准推行节能标识了，如"国家一级节能标准"、"欧洲能耗等级"、"欧洲能效等级"、"美国节能之星"等。需要提醒的是，欧洲节能标准并不一定优于我国的节能标准，我国目前实行的"一级节能标准"低于欧洲 A++ 级和 A+ 级标准，但高于 A 级节能标准。

2.看冰箱的冷冻力。看节能不能只看耗电量。冰箱的耗电量与很多因素有关，如有效容积、冷冻能力、适用气候类型等。如果仅仅把目光放在能耗标识上，只是省了电却达不到冷冻的目的，那就得不偿失了。因此要在看冰箱日耗电量的同时看冰箱的冷冻力，只有冷冻力和日耗电量达到最佳结合才能够算是真正节能。

3.看综合配置。据专业人士解释，单独依靠某项技术已不足以实现冰箱的完全节能。节能冰箱除了要用好的绝热板，还要有好的压缩机，这是决定冰箱节能与否的心脏部件。另外，双门封能更有效地隔绝内外热的交换；冷藏照明采用 LED 白光灯，比普通灯泡更省电，寿命长而且还更安全等等。只有整体系统有机协调，才能保证冰箱的真正节能。

4.看清制冷方式。目前电冰箱的制冷方式有直冷式和风冷式两种。直冷式冰箱里没有空气流动，是凭借直接热传递来降温，优点是食物保鲜程度好，缺点是制冷比较慢、容易结霜。风冷式冰箱里面的空气是流动的，除了靠直接热传递导热外，还通过空气对流导热，优点是制冷速度快，缺点是由于空气常流动，食物容易风干、脱水，需要保鲜膜的保护。所以，要考虑平时物品的存放量和使用量再选择，建议存取物品次数不多的消费者选择直冷式冰箱。

5.大小要合适。一家3口选购140~180升容量的冰箱最适合了，可以避免人口少而冰箱容量太大占地方又费电。

6.要选大冷藏室小冷冻室的。冰箱容积包括冷藏室和冷冻室两部分。现在生活条件好了，一般很少大量购买肉类等冷冻，而冷藏室的利用率却越来越高。另外，冷冻室的温度要比冷藏室低5~10℃，如果冷冻室过大，也会增加功耗。因此，选择冰箱时最好选择冷藏室偏大的冰箱。

选购电视机时要考虑节能

人们在选购电视机时主要关心的是电视机的功能和清晰度等问题，很少有人会关心电视机的能耗问题。

事实上，电视机在日常生活中使用的频率高、时间长，尤其是大屏幕电视机，耗电量很大。而电视机的节能功效是日积月累产生的。购机时还要了解电视机的待机功耗，设计合理的电视机待机功耗通常小于1瓦，甚至只有0.3瓦，而一些设计不好的电视机待机功耗竟达15瓦之高。所以说，选购节能电视机还是很有必要的。

随着空调和冰箱推行了强制的能效标识，我国也出台了彩电的相关节能标准。由于彩电节能标准实施时间不长，并且不用贴相关的节能标识，许多家电商场可能还存在销售节能不达标彩电的情况。因此，如果要选购节能彩电，最好到大型商场购买知名品牌的彩电。

选用节能空调

同样的制冷效果，节能空调的耗电量仅相当于传统空调的20%，运行成本非常低。目前市场上的节能空调售价在2000~3000

元间，普通空调售价在 1000~2000 元。然而，与一台 1.5 匹的 5 级能效定速空调相比，一台 1.5 匹的普通变频空调每年可节省 500 元电费。

如果全国的家庭都用节能空调，每年可以节约用电 33 亿千瓦时，相当于少建一个 60 万千瓦的火力发电厂，还能减排温室气体 330 万吨。

变频空调更省电

空调能效比是指空调制冷（热）量与输入功率的比值。空调的能效比越大，说明其越节能。若两台空调的耗电量相同，则能效比高的空调能产生更多的冷（热）量。

目前，绝大多数厂家并未把能效比的具体数值标注在空调铭牌或产品说明书上，购买空调时可以根据铭牌或说明书上标注的制冷量和输入功率自己动手计算能效比，即以制冷（热）量除以输入功率。其中，采用直流变频技术的空调节能效果最明显，最高可达 48%。

应选择制冷功率适中的空调

制冷功率不足的空调，不仅不能提供足够的制冷效果，而且由于长时间不间断地运转，还会减短空调的使用寿命，增加产生故障的可能性。而如果选择制冷功率过大的空调，又会使空调的恒温器过于频繁地开关，从而加大对空调压缩机的磨损，同时也会造成耗电量的增加。在选购时，应根据房间体积的大小选择适合功率的空调。

按房间大小计算空调功率

空调中"1 匹"的准确含义是制冷量为 2500 瓦 / 小时。在选购空调时，不要只听商家介绍的匹数，而应该直接看产品铭牌上标定的功率。

在选择空调的功率时，一定要按房间实际情况计算着买。

我们按层高 2.5 米的房间计算：

制冷量 = 房间面积（平方米）×（140~180 瓦）

制热量 = 房间面积（平方米）×（180~240 瓦）

也就是说，一间 15 平方米以下的房间，选择 2300 瓦（小 1 匹）至 2500 瓦（1 匹）的空调即可。

当空调完全能够满足房间的制冷时，才不会给空调造成太大的负荷。如果房间有向阳的窗户，同时窗户没有窗帘或遮阳棚的话，在选购时可以略微提升一个挡位。

另外，对于朝阳、通风不畅或是外墙较多的房间，所选空调的功率也应适当放大。

按照户型挑选空调类型

空调一般分为窗式、挂壁式、立柜式、移动式、一拖多、吊顶式等，它们各有不同特点。

窗式空调：室内外机合为一体，适用于小面积房间，安装方便且价格便宜。

挂壁式空调：通常称分体式空调。不受安装位置限制，更易与室内装饰搭配，噪音较少。有的分体式空调具有多重净化功能，可对室内空气进行净化。现在更有具备换气功能的分体式空调，有利健康。

立柜式空调：功率大、风力强，适合大面积房间，并可对多个房间进行调温。

移动式空调：适用于局部制冷，可使用在许多场合，如厨房、客厅、工地、办公室等。

一拖多空调：其实是分体式空调的一个大分支，有多个室内机，可用于多个房间，但共用一个室外机，价钱比买多套空调便宜，噪音也较小，可省去安装多台室外机的麻烦。

吊顶式空调：这是创新的空调设计理念。室内机吊装在天花板上，四面广角送风，调温迅速，更不会影响室内装修。

对于空调的类型，应根据自己所处的地区及户型的不同而做出不同的选择：

1.如果是四四方方的客厅，最好选择噪音较小的分体壁挂型空调。

2.如果是长条形的房间，应该考虑安装风力更强、送风更均匀的柜机。

3.如果两个房间相临且面积相当，可以选择一拖二型的空调。

选择有送风模式的空调更省电

现在不少空调都有立体送风功能，它可以上、下、左、右自动摇摆送风，使室内温度更均匀。因此，就算把空调制冷的温度调高 2℃，也会感觉同样的凉快、舒服。这样的空调可以比普通空调要省电两成以上。

如何安装空调室内机更节电

1.空调内机以安装在距离地面 1.8 米为宜，以保证空气通畅，利于散热。

2.不为空调外机安装雨棚。虽然雨棚可以遮风避雨，但也容易挡住出风口，影响空调散热。

3.空调内机应尽量安装在背阴的房间或房间的背阴面，以避免阳光直接照射在空调内机上。

4.不要把空调装在窗户上方。由于"冷气往下，热气往上"，如果把空调装在窗户上方，送出的冷气往下走，等于空调在做无功损耗，当然就费电了。

5.空调应单独用一个插座（合适电源）。由于空调启动时电流很大，定速空调在开机时瞬间电流会达到平时的数倍，如果与其他家电共用一个插座，会对其造成冲击；变频空调虽然开机时为软启动，电流很小，以后慢慢地达到稳定工作电流，对其他家电影响不大，但由于它的功率较大，会造成单插座超负荷，容易引起跳闸甚至火灾。因此空调最好还是单独使用一个插座。

6.空调的配管短且不弯曲，制冷效果好且不费电。

如何安装空调室外机增强制冷效果

安装空调一定要适当布置空调内外机之间的位置。决定它们之间位置关系的一个是长度，一个是高低差。一般家用的分体式空调内外机之间的长度不要大于 10 米，内外机高低差不要大于 3 米。

如何选购吸油烟机

吸油烟机的吸力不是一个独立的性能，是与风量、风压、噪声、净化率等几个性能之间相互制约的。好的吸油烟机是在各种性能间寻找到一个最佳搭配值，如果只单纯强调其中的一项而模糊其他项，则不免有以偏概全之嫌。

在购买吸油烟机时应同时关注它的四大性能：

1.风量，指静压为零时吸油烟机单位时间的排风量。国家规定该指标值应大于或等于 9 米^3/分钟。一般来说，风量值越大，越能快速、及时地将厨房里的油烟吸排干净。所以当其他指标都良好的情况下，应尽可能挑选风量值较大的吸油烟机。

2.风压，指吸油烟机风量为 9 米^3/分钟时的静压值。国家规定该指标值大于或等于 80 帕。风压也是衡量吸油烟机使用性能的一个重要指标，风压值越大，吸油烟机抗倒风能力越强。所以当其他指标都良好的情况下，风压值越大越好。

3.噪声，也是衡量吸油烟机性能的一个重要技术指标，它是指吸油烟机在额定电压、额定功率下，以最高转速挡运转，按规定方法测得的A声功率级，国家规定该指标值不得大于74分贝。

4. 电机输入功率。吸油烟机的型号一般规定为CXW—□—□，其中第一个□中的数字表示的就是主电机输入功率。

吸油烟机也不是功率越大吸力就越好。提升功率固然可以提升风量和风压，但功率越大可能噪声也越大，而且功率越大也意味着越费电。

所以对于吸油烟机的风量、风机功率和噪声应该综合考虑，并不是越大越好。在达到相同吸净率的前提下，风机功率和风量应该越小越好，这样既节能省电，又可以取得较好的静音效果。

选购家具要看碳汇能力

选购家具时要看家具的碳汇能力。碳汇能力一般是指从空气中清除二氧化碳的过程、活动、机制，主要是指森林吸收并储存二氧化碳的多少，或者说是森林吸收并储存二氧化碳的能力。

碳汇能力关键要看这个产品是否做到生产过程能源消耗低、碳排放量低；产品使用寿命比较长；废弃后易于回收利用等。

基于以上几点，建议使用竹制、藤制的家具。因为这些材料长得快，再生性强，也能减少对森林资源的消耗。

尽量购买成品家具

尽量购买成品家具，减少固定家具的制作。固定家具不易拆换，成品家具可以灵活挪动和反复使用，可降低能耗，充分利用。

不要随便扔掉老家具

旧家具的重复利用也可以降低耗能。搬新居时，能继续使用的家具尽量不换，对于想淘汰的老家具，可以环顾一下你的新家，也许只要将它稍加修饰和改变，仍可以成为家中超级现代的东西。

纸家具是低碳生活的新选择

目前市场上出现了一种纸家具，主要以纸板、瓦楞纸等作为材料制作而成。

纸家具是一种真正低碳的家具。因为一般的旧家具很难回收，即使是能回收再利用，也会造成高能耗，而纸的回收和再利用已经是很成熟的工艺了。

纸家具的设计巧妙地利用了力学原理，使之具有足够的强度，经过特殊处理，解决了其材料不堪重负和怕水忌潮的弱点。同时，纸家具的表面还可以涂染成各种各样的颜色，仿制出不同材质的机理。此外，它还兼具木材、纸和纺织物的质感。纸家具因其结构合理的设计，具有与传统家具一样的承重功能，而重量只是传统家具的 20%~30%。纸可以回收 15~17 次，能循环使用，这也是节约自然资源。

九、怎样减少生活垃圾

填埋处理生活垃圾和焚烧生活垃圾都会增加空气中的碳排放量，只有尽可能减少生活垃圾、分类回收利用生活垃圾，才能减少碳排放量。如果全国城市垃圾中的废纸和玻璃有 20% 加以回收利用，每年就可节能约 270 万吨标准煤，相应减排二氧化碳 690 万吨。

处理垃圾的原则

《中华人民共和国固体废物污染环境防治法》、《中华人民共和国循环经济促进法》明确指出垃圾治理的原则是减量化、资源化、无害化。

作为个人来说，要践行低碳生活就应该使生活垃圾减量化、再循环、再利用。

因为要解决垃圾问题，首先就是从垃圾减量开始。我们每个人一天虽只制造出一千克左右的垃圾，但整个地球的人类加起来，所产生的垃圾的总和是很大的。相应的，如果每个人能减少一点生活垃圾，对于减少地球污染所起的作用也是很大的。

处理垃圾还要注意垃圾分类。垃圾混装是把垃圾当成废物，而垃圾分装是把垃圾当成资源；混装的垃圾被送到填埋场，侵占了大量的土地，分装的垃圾被分送到各个回收再造部门，不占用土地；混装垃圾无论是填埋还是焚烧都会污染土地和大气，而分装垃圾则会促进无害化处理；混装垃圾增加环卫和环保部门的劳作，而分装垃圾只需我们举手之劳。

积极响应"零垃圾"运动

现今，"零垃圾"运动正在整个美国掀起风潮。这项运动旨在将城市垃圾数量减少到零。和其他很多环保行动不同，"零垃圾"运动并不由某个独立的环保组织发起和推进，而是组织所有相关的人，甚至连一些政府机构也在帮忙推广这一运动。

北京市也开展了"做文明有礼的北京人，垃圾减量、垃圾分类从我做起"主题宣传实践活动。垃圾减量、垃圾分类工作受到社会各界的广泛关注，并将综合运用经济、法律、行政和技术手段控制垃圾的产生总量。按照计划，2015年北京市将力争实现生活垃圾产生量零增长，生活垃圾分类达标率达到65%左右。

我们每个人都应该从自身做起，响应"零垃圾"运动，减少生活垃圾。那么，在日常生活中我们要注意做些什么呢？

1.做"零垃圾"运动的宣传者。

2.避免使用无法自然生物分解的包装物。

3.自觉进行垃圾分类，可生物分解的垃圾不能和一般可回收垃圾混在一起投放。

4.尽可能回收利用可回收垃圾。

5.在农村等有条件的地方提倡传统的堆肥。

如何减少生活垃圾

1.树立绿色、低碳生活理念，养成物尽其用、减少废弃的文明行为。

2.拒绝购买过度包装产品，选购无包装、简易包装、大容量包装产品。

3.少用或不用一次性产品，减少废弃物。

4.选购和使用再生材料制品。

5.适量点餐、节约粮食，减少浪费，减少餐厨垃圾。

怎样避免使用一次性用品

现代生活中有许多一次性用品，它给人们带来了短暂的便利，却让生态环境付出了高昂的代价，加快了地球资源的耗竭，同时也给地球带来了垃圾灾难。

在日常生活中，我们应尽可能少使用一次性用品，多使用耐用品，并对物品进行多次利用，具体地说应该从如下几方面入手：

1.尽可能少使用一次性牙刷，选择可换牙刷头的牙刷。

2.选择使用可换刀片的剃须刀。

3.选择使用可换芯的圆珠笔。

4.少用一次性桌布，尽量使用纺织材料的桌布。

5.用传统的手绢代替纸巾。

6.尽量不使用一次性筷子。一次性筷子是日本人发明的。日本的森林覆盖率高达65%，但他们却不砍伐自己国土上的树木来做一次性筷子，全靠进口。我国的森林覆盖率不到14%，却是出口一次性筷子的大国。我国北方生产的一次性筷子，每年要向日本和韩国出口150万立方米木材，减少森林蓄积200万立方米。

日常生活中如何减少塑料垃圾

各类塑料包装物，特别是超薄塑料袋经常混杂在生活垃圾之中，或者被随意抛弃，给城市环境造成了严重的污染。在日常生活中，塑料垃圾占了生活垃圾的14%。

塑料的原料主要来自不可再生的煤、石油、天然气等矿物能源，节约塑料袋就是节约地球能源。我国每年塑料废弃量超过100万吨，"用了就扔"的塑料袋不仅造成了资源的巨大浪费，而且由于塑料袋自然腐烂需要200年，烧掉又会产生有害气体，严重危害生态环境。

为了减少塑料垃圾，应从以下几方面做起：

1.购物前最好自备购物袋，避免使用塑料袋。

2.塑料袋可重复使用。对于已经带回家的使用过的塑料购物袋不要立即扔掉，而应收起来，以备下次使用。这样既减少了塑料袋的使用量，又减少了对环境的污染。

3.购买外卖食品时尽量自备餐盒，不要用发泡饭盒。

日常生活中如何减少纸张浪费

节约用纸可以保护森林与河流。我国每年造纸消耗木材 1000 万立方米，还要进口木浆 130 多万吨、进口纸张 400 多万吨。

纸张的大量消费，造成森林的破坏，另外还因生产纸浆排放的污水又使江河湖泊受到严重污染。造纸行业所造成的污染占整个水域污染的 30% 以上。

在家居垃圾中，纸张垃圾占了 21%。所以无论是从减少垃圾还是从保护森林方面来讲，都应该节约纸张。在生活中，可从以下几方面减少纸张的浪费。

1.用手帕代替纸巾。现在很多家庭都不再用毛巾、手帕擦手与嘴，而是用一次性的纸巾。建议家庭重新使用毛巾和手帕，以减少纸巾的使用数量。

2.多使用网络功能。现在网络功能已逐渐完善，查账、转账、缴费等都可以通过网络系统解决，减少使用纸张。运用网络节省的能源是相当惊人的。

3.用电子书刊代替印刷书刊。如果将全国 5% 的出版图书、期刊、报纸用电子书刊代替，每年可减少耗纸约 26 万吨，节能 33.1 万吨标准煤，相应减排二氧化碳 85.2 万吨。

4.重复使用教科书。减少一本新教科书的使用，可以减少耗纸约 0.2 千克，节能 0.26 千克标准煤，相应减排二氧化碳 0.66 千克。

如果全国每年有1/3的教科书得到循环使用,可减少耗纸约20万吨,节能26万吨标准煤,相应减排二氧化碳66万吨。

5.不用贺年卡,拒收随处散发的无用宣传单、小广告。

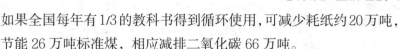

办公如何节约纸张

办公节约用纸主要就是节约打印纸,具体可从以下几方面做起:

1.缩小页边距和行间距、缩小字号。在非正式文件里,可采用"上顶天,下连地,两边够齐"的排法,字号则以能看清为宜。

2.纸张尽可能正反两面都使用。在非正式文件里,只要对阅读没有影响,就可正反两面同时用,这样可节省一半的打印纸。

3.用电子邮件代替纸质信函。在互联网日益普及的形势下,能够用计算机网络传递的文件就尽量用网络传递,少用打印机和传真机。

如何回收利用纸张

每回收1吨废纸可再造800千克的好纸、挽救17棵大树、节约3立方米的垃圾填埋空间,还可以节约50%以上的造纸能源,减少35%的水污染。

每张纸至少可以回收2次。办公用纸、信封、信纸、笔记本、书籍、报纸、广告宣传纸、货物包装箱、纸箱、纸盒、纸餐具等在第一次回收后,可再造纸印制成书籍、稿纸、名片、便条等。第二次回收后,还可以制成卫生纸。回收利用纸张可以从以下几方面做起:

1.利用旧纸张空白的背面,自制笔记本或草稿纸。

2.用过的打印纸,如果还有空白的地方,可以剪下来作便签。

3.旧信封还可以用来装文件、票据等。

4.尽量使用再生纸。用原木为原料生产1吨纸,比生产1吨再生纸要多耗能 40%。使用 1 张再生纸可以节约 1.8 克标准煤，相应减排二氧化碳 4.7 克。如果将全国 2% 的纸张使用改为再生纸，那么每年可节约 45.2 万吨标准煤，减排二氧化碳 116.4 万吨。

5. 把所有报纸及其他适合回收的纸张放到回收箱里。

选用无包装或大包装产品

我国目前垃圾的生产量是 1989 年的 4 倍，其中很大一部分是过度包装造成的。不少商品特别是化妆品、保健品的包装费用已占到成本的 30%~50%。过度包装既浪费资源又污染环境，同时也增加了消费成本。购物时，应尽量选择无包装或大包装的产品，具体的做法是：

1. 简单包装的商品可满足需要的，就不要买过度包装的商品。

2. 购买散装水果、蔬菜，减少购买有包装的水果、蔬菜。

3. 尽量减少饮用塑料瓶装水。

4. 家庭常用的消费品应尽量买大瓶装、大袋装的，或者买商家已经包装好的经济适用类商品。

如何避免宝宝用品过剩

现代社会，多数家庭都只有一个孩子，做父母的什么都想给宝宝最好的，但是宝宝的消费品又都具有"短暂性"的特点，因此，家里就有很多宝宝用过的多余的东西。为了避免宝宝用品过剩，应从以下几方面做起：

1. 有些婴儿用品，选购前先询问有经验的亲朋好友，看看是否有必要购买。

2. 亲戚朋友要给宝宝送礼物，对于关系比较亲近的人，可以坦诚地告之孩子真正需要的物品。

3. 自己孩子用过的婴儿用品，如部分玩具、衣物、书籍等，可以保管好，留给亲友中小一点儿的孩子使用。

交换捐赠多余用品

每一件生活用品，大至家电，小到玩具、书籍和摆设，其生产都要消耗资源和能源，都会带来碳排放。这一家废弃的东西也许正是那一家需要的，将多余物品进行交换，就可以减少购买新的生活用品，自然会降低资源和能源的消耗，减少碳的排放量。

如果你家里有一些留着无用、扔了可惜的东西，例如教科书、玩具、电器、家具、衣物等等，可以将这些多余或不用的物品收集起来，通过交换和捐赠的方法，使它在需要的人那里得到再利用。

可以自发地通过网络号召一些人参与多余用品交流，或者参加一些二手用品置换交易会，也可以将多余用品通过一些组织捐给贫困地区或受灾地区。

少买不必要的衣服

服装在生产、加工和运输过程中，要消耗大量的能源，同时产生废气、废水等污染物，都会对环境造成一定的影响。在保证生活需要的前提下，每人每年少买一件衣服，就可节能约 2.5 千克标准煤，相应减排二氧化碳 6.4 千克。要做到少买不必要的衣物，应从以下几方面着手：

1.在不降低对时尚生活品质追求的同时，尽量减少购买质地不够好、容易遭淘汰的廉价衣物。

2.慎重购买打折衣服。当遇到打折衣服，不要图便宜而冲动购买，一定要考虑这件衣服自己到底需要不需要，自己家的衣柜里是否有同款式同颜色的衣服，以免重复购买而降低衣服的使用率。

爱惜衣物

平时注意爱惜衣物，可以延长衣物的使用寿命。

1.外出时穿的正式服装要和家居服分开，回家就换上宽松、舒适的家居服，可以延长正装的使用寿命。

2.吃饭、走路时注意照管衣服，避免溅上油污和泥渍。

3.做饭、干活时穿上围裙或劳动服，保护衣服不被损污。

4.洗头、洗脸时，用毛巾遮护衣领，卷起袖子，避免衣服被水打湿。

5.脱下来的衣服要折叠好，放在衣柜里或者挂进衣橱里，不要在外面乱堆乱放，以免落上尘埃杂秽。

6.晚上休息时换上睡衣，既整洁又不损坏衣服。

一衣多穿，提高衣物的利用率

巧妙搭配可以把一件衣服当成多件衣服穿，这绝对是最有效的提高衣服利用率的办法。

1.买衣服时应兼顾到一衣多穿。例如买一件看起来和正装裤子一样的运动裤，既舒服，又可以一衣多穿。

2.最好能在清理完衣柜之后再决定买什么衣服。

3.买需要穿而衣柜里没有的衣服。

4.买衣柜里有但不能再继续穿的衣服。

5.买衣服前要考虑好和现有衣服的配套，或者买套装，以避免单件的衣服因缺配套的衣服而闲置。

6.买能够混搭的衣服，几件上装和几件下装可以互换搭配。

生活中旧衣服再利用

一些穿旧了的衣服送人不好意思，扔了又感到可惜，放着又占地方，那该如何利用这些服装呢？

1.利用一些时尚元素，比如小饰物，把自己的旧衣做一下改动，说不准就是一件时髦的新款衣服了。

2.可以把旧牛仔裤剪掉加工成小包。

3.将不能穿的旧上衣的袖子用来做套袖。

4.旧裤腿做护腿、护膝。

5.利用旧衣物做布垫、抹布。

6.把旧衣物剪成布条做拖布。

7.把穿旧的内衣用开水煮过、剪开，给婴儿当尿布。

8.用旧衣服改制书包、小孩子衣服。

9.用旧衣服改制玩具、艺术品。

用无纺布做抹布

在日常生活中，我们会接触到一些无纺布。无纺布不是由一根根的纱线纺织而成的，而是将纤维直接通过物理的方法黏合在一起，是新一代环保材料，具有防潮、透气、柔韧、质轻、不助燃、容易分解、无毒无刺激性、色彩丰富、价格低廉、可循环再利用等特点。

用无纺布替代毛巾类的抹布，擦拭窗户、地板、纱窗效果好。无纺布上的尘土和毛发能一次性清理干净，比毛巾类抹布更易于清理，更节约清洗用水，且不会因为抹布清理不净而留有霉味。

废旧电池如何处理才环保

我们日常所用的普通干电池，主要有酸性锌锰电池和碱性锌锰电池两类。它们都含有汞、锰、镉、铅、锌等金属物质，会对人体造成极大的危害。

非环保废旧电池正在日益严重威胁环境。据科学家测定：一颗含汞和重金属物质的纽扣电池产生的有害物质能污染 60 万升的水，这等于一个人一生的饮水量，并可造成永久性公害；1 节 1 号电池烂在土里，能使 1 平方米的土壤永久失去利用价值。若将废旧电池混入生活垃圾一起填埋，或者随手丢弃，渗出的汞及重金属物质就会渗透于土壤，污染地下水，进而进入鱼类、农作物中，破坏人类的生存环境。这些有毒物质再通过农作物进入人的食物链，在人体内会长期积累难以排除，损害人的肌体，甚至致癌。

所以对于废旧电池不要随意丢弃，尽可能与其他垃圾分开投放，以便于对废旧电池集中收集，进行回收利用，有效减少污染物质的排放。

尽量选择和使用可充电电池

由于废旧电池回收成本大大超过电池本身，在国内至今仍无更好的办法来对付大量废弃的旧电池。如果将电视、空调的遥控器，小孩的玩具，数码相机，随手携带的小型照明工具等的电池都换成充电电池，一方面可以节省能源，另一方面也可以减少一次性电池的使用数量，减少普通干电池可能造成的污染。

如何选择环保电池

目前国际通行的标准是将不含汞、铅、镉等严重污染环境的重金属元素的电池称为环保电池。因此，一次电池中的无汞电池和充电电池中的镍氢电池都可称为环保电池。在选购环保电池时应注意以下问题：

1.选购有"国家免检"、"中国名牌"标志的电池产品或地方名牌电池产品，质量有一定的保障。

2.注意电池的外观，应选购包装外观整洁、无漏液迹象的电池。

3.电池上应标明生产厂家、电池极性、电池型号、标称电压等，销售包装上应有中文厂址、生产日期、保质期或标明保质期的截止期限、执行标准的编号。购买碱性锌锰电池时，应看型号有无ALKALINE 或 LR 字样。

4.由于电池中的汞对环境有害，为了保护环境，在购买时应选用商标上标有"无汞"、"0％汞"、"不添加汞"字样的电池。

电池省电的使用方法

知道电池省电的使用方法，就可以减少废旧电池的产生量，减少因电池造成的垃圾量。

1.电器和电池接触件应清洁，必要时用湿布擦净，待干燥后按极性标示正确装入。

2.干电池可交替间歇使用。可以买两套电池，标上记号，第1套使用，第2套备用。当第1套电池耗电1/3后，更换第2套电池，当第2套电池使用1/3后再换回第1套电池，这样交替间歇使用可省电，但注意两套电池之间千万不可混用。

3.应同时更换一组电池中的所有电池，新旧电池不要混用。如果把新旧电池接在一起用，旧电池内的电阻实际上就成了电路中的一个电器，会把电白白消耗掉，而且一直消耗到新旧电池的电压相等时才停止。同一种型号但不同品牌的电池也不要混用，否则会增加漏液的可能性。

4.用电器具长期不用时应及时取出电池，使用后应关闭电源，以免使电池继续放电，使其内部发生化学反应而导致漏液。

5.对于暂时不用的干电池可放在塑料袋中放入电冰箱里保存。

如何充分利用电池

干电池可以排序循环使用，大件电器上用过的电池可以放在小件电器上继续使用。例如数码相机需要比较充沛的电量，相机中需要更换的电池，如果放到耗电量小的收音机里使用，还可以用很长一段时间。等到电池不能维持收音机的正常工作时，还可以再放到耗电量更小的电子表里使用。这样，两节电池就能在不同的电器里工作好几个月，在不同的电器里充分发挥"余热"。

电池没电的应急妙招

当正在使用电动剃须刀或者听半导体收音机的时候，突然电池电力不足，而手头又没有新的电池更换时，可以把旧电池取出来，用力捏捏，电池外皮捏扁之后，再装回去就可以继续使用了。

延长日光灯管的寿命

日光灯管是易耗品，又属于有害垃圾，所以尽可能地延长日光灯管的寿命就显得非常重要。那么如何才能延长日光灯管的寿命呢？

1. 减少开关次数。每次开关时峰压和电流对灯管（灯丝）的损害相当于点亮几个小时，所以减少开关次数可以有效延长日光灯管的寿命。

2. 发现灯光闪烁时就换新的启动器。

3. 使用一段时间后将两端调换过来再用。

生活垃圾巧利用

在生活中有很多废品都可以再利用，合理利用生活中的废品对于营造低碳的生活环境意义重大。一些毫不起眼的废物经过精心的设计，都可以变废为宝。

1. 将喝过的茶叶晒干做枕头芯，不仅舒适，还能帮助改善睡眠。

2. 鞋盒子可以做成墙上的装饰画，或者包装好放在家具里当置物盒。

3. 有些果冻的包装袋有拉链，容积也比较大，可用作出差时的化妆袋。

4. 喝完的饮料瓶子可以包装好当花瓶，透明的瓶子可以养鱼，或者放点五颜六色的好看的纸屑作装饰物等等。

5. 一些酒瓶的造型十分独特，用来作花瓶比较合适，还可以买一些干麦穗插在里面就成了一件十分漂亮的装饰品。

6. 糖纸也很漂亮，可以压在书里当书签。

7. 小的瓶瓶罐罐可以当置物盒、首饰盒，放点针线。

8. 折叠伞的伞套可以用来存放卷好的袜子，大小非常合适。如果需要透气，只需剪几个透气孔即可。

9. 用过的面膜纸不要扔掉，用它来擦首饰、擦家具的表面或者擦皮带，不仅擦得清亮还能留下面膜纸的香气。

10. 将废旧的报纸整理干净，铺垫在衣橱的最底层，不仅可以吸潮，还能吸收衣柜中的异味。

物尽其用减少生活垃圾

在日常生活中，为了减少垃圾应做到物尽其用。

1. 注意减少消费，垃圾产生量自然会减少。每次买东西时，先想一想是否真正需要，原有的是否真的不可再用，是否物尽其用。

2. 不浪费。现在许多日用品都是塑料软管包装，比如牙膏、洁面乳、护手霜等，在挤不出来的时候从中间剪开，残留在里边的牙膏、洁面乳还可以再用很长时间。另外，做饭时不要做得太多，吃剩的食物下一顿加热后还可以再吃，不要随便倒进垃圾桶。

方便面袋变废为宝

肉买回来后，根据不同用量切成大小不一的肉块，把每一块肉分装在不同的方便面袋子里，放到冰箱的冷冻室。这样节约了冰箱专用保鲜膜，也不会像使用普通塑料袋一样肉跟袋子紧紧地冻在一起，食用时肉可以直接取出，非常方便。

过春节如何低碳

春节是中华民族的传统节日，要如何低碳过春节呢？

1. 电子贺卡代替纸贺卡。

2. 不放鞭炮。每年农历大年三十和正月初一两天，家家户户都要燃放鞭炮。这会使空气中的二氧化硫和氮氧化物的含量超标十几倍甚至几十倍，远远超过平日里化工厂的排放量。

3. 送礼不选豪华包装。过春节拜年免不了带着礼品去探亲访友，礼品的过度包装会消耗巨大的社会资源。生产各种包装物所需的原材料中，不乏珍贵稀有的非可再生能源，而在处理这些废弃包装物过程中耗费的大量人力、物力，也会造成极大的浪费。

什么叫垃圾分类

垃圾分类是指按照垃圾的不同成分、属性、利用价值以及对环境的影响，并根据不同处置方式的要求，分成属性不同的若干种类。

注意垃圾分类可使废物循环利用

人类每天都会产生大量的垃圾，这些垃圾未经分类、回收再利用，任意弃置会造成环境污染。

生活垃圾通常采取焚烧为主、填埋为辅的处理方式，但由于焚烧、填埋垃圾容易对空气和土地造成二次污染，因此解决垃圾问题最行之有效的方法就是推行分类收集处理。

实行垃圾分类主要是为了提高城市生活垃圾减量化、资源化、无害化水平，通过垃圾分类把生活垃圾中可回收垃圾充分利用。可回收垃圾包括纸类、金属、塑料、玻璃等，通过综合处理回收利用，可以减少污染、节约能源。

例如每回收 1 吨废纸可造好纸 800 千克，节省木材 300 千克，比等量生产减少污染 74%；每回收 1 吨塑料饮料瓶可获得 0.7 吨二级原料；每回收 1 吨废钢铁可炼好钢 0.9 吨，比用矿石冶炼节约成本 47%，减少空气污染 75%，减少水污染和固体废物 97%。回收铝制易拉罐再制铝，比用铝土提取铝少消耗 71% 的能量，减少

95％的空气污染。回收废玻璃再造玻璃，不但可节约石英砂、纯碱、长石粉、煤炭，还可节电，减少大约32％的能量消耗，减少20％的空气污染和50％的水污染。回收一个玻璃瓶节省的能量，可使灯泡发亮4小时。

可生物降解的垃圾进行生化处理后生产肥料、饲料、沼气等，高热值垃圾进行焚烧后回收热能、电能等再生能源，剩余垃圾进行卫生填埋。

生活垃圾分为哪几类

从国内外各城市对生活垃圾分类的方法来看，大致都是根据垃圾的成分构成、产生量，再结合本地垃圾的资源利用和处理方式来进行分类。

现今的中国，生活垃圾一般可分为4大类：可回收垃圾、厨余垃圾、有害垃圾和其他垃圾。

生活垃圾在不同区域的分类

1.在小区和餐饮场所，垃圾可分为可回收物、厨余垃圾和其他垃圾三类。

2.在办公区和非餐饮的公共场所，垃圾可分为可回收物和其他垃圾两类。

日常生活中怎样做好垃圾分类

日常生活中要做好垃圾分类，关键是要做好厨房与客厅的垃圾分类。

一般情况下，垃圾至少要分为厨余垃圾和可回收垃圾。因此，在厨房、客厅至少要备两个垃圾桶，一个投厨余垃圾、一个投可回收垃圾。如果有在卧室吃东西的习惯，最好在卧室也备两个垃圾桶。有了分类的垃圾桶，关键还要养成分类的习惯。家庭成员

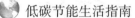

有不习惯的，要敦促监督。对于孩子，要从小培养他们养成垃圾分类的习惯。

另外，家中也可以准备不同的垃圾袋，分别收集废纸、塑料、包装盒、厨房垃圾等。

在家中已分类的垃圾，要投到小区相应的垃圾桶内。

垃圾桶的分类标识

生活垃圾分为四大类：可回收垃圾、厨余垃圾、有害垃圾和其他垃圾，垃圾桶也有相应的分类标识，分别用蓝、绿、红、黄四种颜色加以区分。

有色垃圾桶上会对垃圾分类进行简单的说明：蓝色为可回收垃圾桶，可装纸类、玻璃、金属、塑料等废弃品；绿色是厨余垃圾桶，可装食物残余、菜梗菜叶、动物骨骼内脏、茶叶渣、水果残余、果壳瓜皮等；红色是有害垃圾桶，可装电池、废旧灯管灯泡、过期药品、过期日用化妆用品、染发剂、杀虫剂容器、硒鼓等；黄色为其他垃圾桶，可装剩饭菜、瓜果壳、灰土等。

日常生活中可回收的垃圾有哪些

根据《城市生活垃圾分类及其评价标准》，可回收物是指适宜回收循环使用和资源利用的废物。一般情况下，生活中的可回收资源主要有以下几类：

1.废纸：未严重玷污的文字用纸、包装用纸和其他纸制品等，如报纸、书本纸、办公用纸、广告用纸、纸盒等。但要注意，纸巾和卫生用纸由于水溶性太强，不可回收。

2.塑料：废容器塑料、包装塑料等塑料制品，如各种塑料袋、塑料瓶、泡沫塑料、一次性塑料餐盒餐具、牙刷、杯子等。

3.玻璃：有色和无色废玻璃制品，主要包括各种玻璃瓶、碎玻璃片、镜子、灯泡、暖瓶等。

4.金属：各种类别的废金属物品，如易拉罐、铁皮罐头盒。

5.织物：旧纺织衣物和纺织制品、废弃衣服、桌布、洗脸巾、书包、鞋等。

日常生活中有害垃圾有哪些

日常生活中有一些垃圾是有害垃圾，这样的垃圾需要特殊处理，如废电池、日光灯管、水银温度计、油漆筒、过期的药品和化妆品等。

厨余垃圾如何处理

厨余垃圾等有机物质所占的比例很大，混投时会造成垃圾热值低，不利于焚烧、生化处理，填埋处理则造成臭味、渗沥液等污染问题。实现厨余垃圾分类投放、分类收集、分类运输和分类处理，是垃圾分类减量工作的重点。

在厨房里应放置厨余垃圾桶，投放垃圾时应将其放入小区设置的厨余垃圾桶里。有条件的小区可能安装有厨余垃圾生化处理设备，这样厨余垃圾即可就地处理，能减少厨余垃圾远距离运输中遗撒、渗液等问题，并缓解集中处理的压力。

可回收垃圾如何"变现"

对于可回收垃圾，可以通过下面的途径让它"变现"。

1.将废旧纸张、饮料瓶、矿泉水瓶、金属等可回收物通过再生资源回收站点变卖给再生资源回收企业。

2.依托每月开展的再生资源回收日活动变卖家中的可回收物。

3.通过网上预约回收服务。

4.通过再生资源回收积分卡获得相应的积分，换取相应的赠品。

十、多种树木花草，少养宠物

1 棵中等大小的树，每小时可放出氧气 1.8 千克，白天生产的氧气可满足 64 个人的呼吸需要。1 棵树 1 年可吸收二氧化碳 18.3 千克，如果全国 3.9 亿户家庭每年都栽种 1 棵树，每年可多吸收二氧化碳 734 万吨。所以，对于不得已而产生的碳排放量，我们可以通过种树养花来吸碳，从而达到"碳中和"的目的。

多种树养花可吸碳

地球的大气层与动植物的关系非常密切，而人类又是与植物互相依存的。动物排碳，而植物能够吸收大气中的碳。

在碳循环的过程中，植物能通过光合作用，将二氧化碳（或硫化氢）和水转化为储存着能量的有机物，并释放出氧气。

据英国《自然》杂志刊载，原始森林占据了全球森林面积的 30% 左右，这些成熟森林每年能够净吸收 8 亿 ~18 亿吨的碳。据测算，仅加拿大、俄罗斯和美国阿拉斯加原始森林每年净吸收的碳，总量就占到全球生态系统和大气之间碳交换量的 10%。可见，平时多种树养花是可以帮助吸碳的。

通过绿植实现碳补偿

现在，不少环保人士建起了各式各样的"低碳生活"小组，他们积极推广"碳中和"，研究如何减少碳量排放，享受"低碳"

生活。

　　碳中和也叫碳补偿，是现代人为减缓全球变暖所作的努力之一。人们计算自己日常活动直接或间接制造的二氧化碳排放量，并计算抵消这些二氧化碳所需的经济成本，然后个人付款给专门企业或机构，由他们通过植树或其他环保项目抵消大气中相应的二氧化碳量。也就是我们在产生二氧化碳的同时，有意识地对所产生的二氧化碳进行补偿处理。

不同植物吸碳放氧量不同

　　不同植物吸收二氧化碳、释放氧气的量是有差异的。北京园林科学工作者于20世纪90年代对65种植物进行了测定，按植物吸收二氧化碳、放出氧气的量可分为3类。

　　1.单位叶面积年吸收二氧化碳高于2千克的主要植物种类，落叶乔木有柿子树、刺槐、合欢、泡桐、栾树、紫叶李、山桃、西府海棠，落叶灌木有紫薇、丰花月季、碧桃、紫荆，藤本植物有凌霄、山荞麦，草本植物有白三叶。

　　2.单位叶面积年吸收二氧化碳在1~2千克的主要植物种类，落叶乔木有桑树、臭椿、槐树、火炬树、垂柳、构树、黄栌、白蜡、毛白杨、元宝树、核桃、山楂，常绿乔木有白皮松，落叶灌木有木槿、小叶女贞、羽叶丁香、金叶女贞、黄刺玫、连翘、金银木、迎春、卫矛、榆叶梅、太平花、珍珠梅、石榴、猬实、海州常山、丁香、天目琼花，常绿灌木有大叶黄杨、小叶黄杨，藤本植物有蔷薇、金银花、紫藤、五叶地锦，草本植物有马蔺、萱草、鸢草。

　　3.单位叶面积年吸收二氧化碳低于1千克的主要植物种类，落叶乔木有悬铃木、银杏、玉兰、杂交鹅掌楸、樱花，落叶灌木有锦带花、玫瑰、棣棠、腊梅、鸡麻。

种树比种花成本更低，吸碳能力更强

尽管植物都有吸收二氧化碳、释放氧气的功能，但相比较而言，种树的成本更低，而吸碳能力更强。

因为花草需要经常浇水，还要定期修剪等，需要付出更大的养护成本，而种树基本上只需浇浇水就行了。从吸收二氧化碳的能力来看，花草只能算一种平面吸收体，树却是360°全方位吸收体，其吸收二氧化碳的能力要比花草强很多。

因此，在能种树的地方最好要种树，当然在家里只能养花草了。

到郊区去种树

现在很多郊区都有碳汇林，如果你想抵消掉自己的碳排放，可以到郊区去种树。

中国绿化基金会成立了中国绿色碳基金会，号召人们通过网上购买碳汇的形式履行义务植树。目前已有一些责任感强的企业和个人开始做出表率行动，主动购买碳排放额度。

如何根据自己的消费得知自己应该种多少树呢？

如果乘飞机旅行2000公里（以经济舱为例），则会排放278千克的二氧化碳，就需要植3棵树来抵消；如果用了100千瓦时的电，则排放了78.5千克的二氧化碳，就需要植1棵树来抵消；如果自驾车消耗了100升汽油，就需要植3棵树才能抵消。

掌握种树方法，提高树苗成活率

树苗的成活率低，主要是缺乏植树经验，缺乏专业技术人员指导，造成树苗的根部无法吸收到营养和水分。

1.在华北地区，约3月中旬至4月下旬落叶树种发芽前，是植树的大好时机。

2.最好选在阴天和降雨前种树，大风的天气不宜种树，因为苗木的根遇到大风容易被吹干死亡。

3.选对树种。杨树、香樟、天竺葵、女贞、银杏、柳树、栾树等树种都较适合种植。

4.选择经过苗圃移栽培育过的树，其根系发达，比一般的树更容易成活。

5.树根带的土球最好有树胸径的8倍大。

6.树穴的直径要比树根带的土球的直径大30厘米左右。树穴要挖深一点，换上好土，土要弄细，否则土壤和根系结合不好，难以吸收水分。

7.在挖好的树穴内再垫一些松土。

8.栽种的时候要提一提树干，起到梳理树根的作用。

9.填土要分层。细土可以分3次填埋，每埋一次要踩实土壤，让土球和土壤结合紧密，少让土中留有空气。但是一定不能踩树根带的土球，应踩土球以外的土壤。

10.植树后要浇根，因为树从苗圃移出来以后伤了很多毛根，对水分的吸收能力很差，充足的水分才能保证树苗成活。

11.如果树比较大，要用木头或其他材料加支撑，以免风吹倒伏。

植树后要加强管护

为了更好地保证新植幼苗成活，植树以后还要加强管护。

1.要对新植幼树勤观察，如出现旱情要及时浇水。对于山区和浇水难度大的地方要采用喷雾器浇水。

2.遇大风出现苗木倒伏后，要对倒伏的苗木进行扶直和培土，土台厚度以20厘米为宜。

3.新植的树木要除掉周围的各类杂草、灌木和藤本植物，周围留1平方米的营养带，有条件的要给树木施些肥料，确保树木成长。

4.发现新植的幼树出现枝部干枯的，要进行剪除。苗干上部干枯、基部产生新芽的，要截干或平茬；苗木主干出现新芽的，要将树干下部的新芽抹除。

5.对新植的幼树，要将树干1米以下的部位涂白，以减轻日灼，防治病虫害，利于幼树成长，确保幼树成活。

平时爱护草木

不在树上乱涂乱画，不践踏草坪，不跨越绿化带，不把车停在草坪上，不攀折花草树木，碰到别人破坏草木的行为应及时制止。

种竹也能低碳

科学研究表明：分布地域广、种植面积大、带有浓郁东方文化韵味的毛竹林不但具有很高的经济价值，其固碳能力也远超普通林木。1公顷普通毛竹林的年固碳量为5.09吨，是杉木的1.46倍，是热带雨林的1.33倍；1公顷集约化经营的毛竹林年固碳能力可提高至12.75吨，相当于吸收二氧化碳46.75吨，可抵消17个人一年的二氧化碳排放量。

竹子根系发达，四季常青，固土涵水效果好；竹子的生长速度很快，某些品种的竹子一天能长0.3米，甚至更多。所以，低碳应该多种竹子。

家中养花草，营造绿色家居

绿色植物和人类的生存关系息息相关。如果能够将绿色植物引入家庭，将给居室带来无限的生机，这不但可以满足人们回归自然的心理需要，还可以改善室内环境。

绿色植物其实就是绿色吸尘器。据统计，花卉布置合理的居室内，尘埃的减少量为20%~70%。有些植物还能够吸收有毒有害的气体，具有很强的排污、杀菌能力。绿色植物的枝叶会形成漫反射，可降低室内噪音。绿色植物还能调节室内温度与湿度，利用绿色植物获得舒适的温湿度，远比用电器更有效也更环保。

花盆选择带气孔的陶盆和瓷盆

　　花盆最好选择带气孔的陶盆和瓷盆，其制作过程比金属、玻璃等材质排放出更少的二氧化碳。而且带气孔的陶盆透气性能最好，利于花草生长，但不好看，可以将瓷盆套在陶盆外。

家养花草应注意哪些事项

　　1.养花前应了解花性。很多花都有净化空气、促进健康的作用，但某些花若养在家中，反而会成为致病源，或是导致旧病复发、旧病加重。

　　2.家养花草应考虑"互补"功能。大部分植物都是白天吸收二氧化碳、释放氧气，在晚上则相反，而仙人掌类植物则是晚上释放氧气、吸收二氧化碳。如果把这些具有"互补"功能的植物放于一室，则可平衡室内氧气和二氧化碳的含量，保持室内空气清新。

室内摆花有讲究

　　1.室内摆花不要太多。室内摆放花草与阳台种养花草是两回事。

　　阳台只要空间允许，多种点花草并没关系，而室内不仅要考虑空间，还要考虑植物的光合作用，白天植物会放出氧气，吸收二氧化碳，而晚上则要放出二氧化碳并吸收氧气。室内摆放花草不是越多越好，特别是卧室一般封闭得多，夜间最好少放或者不放花草，避免其与人争氧气，影响健康，而客厅一般摆放2~3盆就可以了。

　　2.晚上不宜把花草放到室内。如果有露台的话，白天室内放的花草，到了晚上就要移到室外，至少不要放在卧室里，以避免

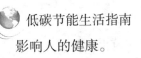

影响人的健康。

哪些植物夜间对人体有益

如果一定要在室内放花草，建议放置一些能在晚上放出氧气的植物。

仙人掌、仙人球等原产于热带干旱地区的多肉植物，其肉质茎上的气孔白天关闭，夜间打开，在吸收二氧化碳的同时制造氧气，使室内空气中的负离子浓度增加。

兰花、昙花也能在夜间释放氧气。

蝴蝶兰、吊兰、芦荟、虎皮兰、虎尾兰、龙骨等，这些植物不怕干燥，晚上都能够吸收二氧化碳，放出适量的氧气，同时对空气还有加湿作用。此外，龙舌兰以及褐毛掌、伽蓝菜、景天、落地生根、凤梨等植物也能在夜间净化空气。

客厅如何摆放绿色植物

在客厅摆放绿色植物时，可选择多肉植物，既减少用水量，又能释放新鲜氧气，有利于健康的同时又能营造出美好环境，并为节能减排做出贡献。在窗边摆放大型植物，并充分利用角落养几盆小花草进行低碳补偿。也可以在客厅角落摆放大型植物，多肉类植物可以放置在茶几、电视柜上。

不用杀虫剂的花草除虫法

家养花草免不了生虫，如果喷洒杀虫剂，会污染空气。以下几种妙法不用杀虫剂也能除去花草的害虫。

1.把一汤匙洗衣粉溶解在4升水中，每隔2周喷洒花叶，可彻底消灭白蝇和细菌。

2.将4杯面粉和半杯牛奶掺入20升水中搅拌，用纱布过滤后喷洒在花叶上，能杀死壁虱和它们的卵。

3. 把啤酒倒入放在花盆土壤下的浅盆中，蜗牛爬入就会被淹死。

瓶插的鲜花最好不要放在卧室里

鲜花浸泡在花瓶的水里，时间稍长，花枝根部会浸泡腐烂、发霉，滋生霉菌或细菌，不但不会产氧气，还会释放二氧化碳，影响健康。

不养、少养或改养小型宠物

养宠物与全球变暖、节能减排也有着非常大的关系。

1. 宠物特别是大型宠物会排出大量的二氧化碳和甲烷。

2. 宠物要吃掉大量吸收二氧化碳、放出氧气的植物，特别是要吃掉大量动物性食品。

3. 宠物的粪便、毛发污染家居和公共环境。

4. 宠物会引发多种疾病，有可能威胁家人与他人的安全。

不养、少养宠物可以减少排碳。如果一定想养宠物，建议养小型宠物，这样也可节能减排，更好地保护我们的地球。

参考文献

1. 中国能源报.低碳生活.中国能源报,2009-12-21.

2. 郜利敏,徐子坤.为自己的碳排放量埋单中国百姓的"低碳生活".人民日报海外版,2009-12-17.

3. 南都周刊.衣食住行的绿色理财(居住篇).南都周刊,2009,12.

4. 科技部.全民节能减排手册——36项日常生活行为节能减排潜力量化指标,2007-9-4.

5. 邱啸.家电我选乐活的.北京晨报,2007-8-17.

6. 沈阳晚报.地球凉热开关在你手上.沈阳晚报,2007-4-22.

7. 苏俊.比用取暖器更省电空调热销冬季市场.东楚晚报,2007-12-26.

8. 杨郁卉.浓雾灰霾轮袭天津低碳生活刻不容缓.每日新报,2009-12-23.

9. 人口导报·生活周刊."低碳"生活从我做起.人口导报·生活周刊,2009,12.

10. 姜爱春.做个生活低碳达人.大连晚报,2010-1-29.

11. 王静伟.低碳衣、食、住、行小攻略.日照日报,2010-5-14.

12. 姬娜,王莎莎,赵宝锋.准车族细算账最看好小排量.三秦都市报,2008-12-17.

13. 秦凤华.森林:绿色的减碳引擎.中国投资,2010(2).